中国海洋能技术进展
2015

国家海洋技术中心　编著

海洋出版社

2015年·北京

图书在版编目（CIP）数据

中国海洋能技术进展．2015/国家海洋技术中心编著．—北京：海洋出版社，2015.12

ISBN 978-7-5027-9337-1

Ⅰ.①中… Ⅱ.①国… Ⅲ.①海洋动力资源-中国-2015 Ⅳ.①P743

中国版本图书馆 CIP 数据核字（2015）第 300308 号

责任编辑：钱晓彬

责任印制：赵麟苏

海洋出版社 出版发行

http://www.oceanpress.com.cn

北京市海淀区大慧寺路 8 号 邮编：100081

北京画中画印刷有限公司印刷 新华书店北京发行所经销

2015 年 12 月第 1 版 2015 年 12 月第 1 次印刷

开本：787mm×1092mm 1/16 印张：8

字数：123 千字 定价：48.00 元

发行部：62132549 邮购部：68038093 总编室：62114335

编者说明

Editor's note

我国的海洋可再生能源发展正迎来新的战略机遇期。随着“海洋强国战略”的深入推进，沿海及海岛经济社会发展为海洋能发展提供了稳定而广泛的市场需求。我国海洋能开发利用技术发展必须坚持全面创新，不断探索企业为主的产业技术创新机制。随着我国海洋能核心及关键共性技术的解决，海洋能开发利用装备制造及运行维护必将成长为对经济社会长远发展具有重大引领作用的战略性新兴产业，为构建我国清洁、高效、安全、可持续的现代能源体系做出应有的贡献。

2015 年正值我国“十二五”工作收官之年，为谋划布局好“十三五”期间海洋能工作，国家海洋局、国家能源局、科技部等相关部委相继启动了“十三五”海洋能战略研究工作。为厘清“十三五”我国海洋能发展总体思路和发展路径，在海洋能专项资金项目（GHME 2014 ZC01）资助下，国家海洋技术中心组织人员，跟踪研究当前国内外海洋能发展战略、国际组织的海洋能计划以及海洋能技术发展现状和趋势，特别是对 2014 年 6 月以来我国海洋能技术的进展和成果进行了较为系统的梳理和总结，将上述研究成果汇编成《中国海洋能技术进展 2015》。本书所引用的资料和数据时间截至 2015 年 8 月。

本书共分为发展政策，技术进展，公共支撑服务体系建设，国际合作，重大海洋能活动 5 章及附录 IRENA：海洋能——技术成熟度、专利、海试现状与展望。

本书由国家海洋技术中心夏登文副主任担任主编并进行总体策划和审阅，主要编写人员包括：麻常雷、王海峰、齐连明、杨立、王项南、汪小勇、王鑫、李彦、吴姗姗、赵宇梅、崔琳、张中华、彭洪兵、李志、李守宏、倪娜、李雪临、石建军、路宽、朱锐、王静、马越、李晶、张多、陈绍艳、王芳、王萌。本书初稿完成后，夏登文、齐连明、王海峰等同志分别通读了全书书稿，并提出了许多中肯的修改意见。刘伟同志对书稿进行了审校。

在本书的编写过程中，得到了国家海洋技术中心罗续业主任的精心指导以及中心战略室、能管中心、能源室、质检室、海域室、业务处、工程中心等部门的大力支持。此外，还有许多海洋能从业专家学者为本书的最终完成提供了重要的资料来源，在此不一一列举，一并表示感谢。

鉴于海洋能工作涉及范围广，专业领域多，书中难免有不足之处，热忱欢迎读者提出批评和指正。

国家海洋技术中心

编写组

2015 年 9 月

目次 Contents

第一章　发展政策

2014 年 6 月以来，为贯彻落实党的十八大和十八届三中、四中全会精神，党中央、国务院相继发布了《能源发展战略行动计划（2014—2020 年）》《国家应对气候变化规划（2014—2020 年）》《关于印发 <可再生能源发展专项资金管理暂行办法> 的通知》等一批重要政策，为落实可再生能源发电的全额保障性收购制度，促进包括海洋能在内的可再生能源行业的继续发展，加快构建清洁、高效、安全、可持续的现代能源体系提供了大力支持；国家发展改革委、财政部、海洋局、能源局、自然基金委、科技部等相关部委也持续支持海洋能发展，通过提供研发资金、开展战略研究等，有力促进了我国海洋能的快速和持续发展。

第一节　战略规划

我国海洋能资源丰富，因地制宜开发海洋能，可切实解决海岛发展、海上设备运行、深远海开发等用电用水需求，对于维护国家海洋权益、保护海洋生态环境具有战略意义。在国家推进建设“海洋强国战略”的背景下，《能源发展战略行动计划（2014—2020 年）》等重要战略规划的实施，为加快海洋能发展指明了方向。

一、《能源发展战略行动计划（2014—2020 年）》

为贯彻落实党的十八大精神，推动能源生产和消费革命，明确今后一段时期我国能源发展的总体方略和行动纲领，推动能源创新发展、安全发展、科学发展。2014 年 6 月 7 日，国务院发布了《能源发展战略行动计划（2014—2020 年）》（下称《行动计划》）。

《行动计划》指出：当前，我国能源资源约束日益加剧，生态环境问题突出，调整结构、提高能效和保障能源安全的压力进一步加大，能源发展正面临着一系列新问题与新挑战。同时，我国可再生能源、非常规油气和深海油气资源开发潜力很大，能源科技创新取得新突破，能源国际合作不断深化，能源发展面临着难得的机遇。

《行动计划》坚持“节约、清洁、安全”的战略方针，加快构建清洁、高效、安全、可持续的现代能源体系，重点实施四大战略：节约优先战略，立足国内战略，绿色低碳战略，创新驱动战略。

为保证到2020年基本形成统一、开放、竞争、有序的现代能源市场体系，《行动计划》设立了“增强能源自主保障能力，推进能源消费革命，优化能源结构，拓展能源国际合作，推进能源科技创新”五大主要任务。其中，在任务三“优化能源结构”中，《行动计划》提出“积极发展海洋能。坚持统筹兼顾、因地制宜、多元发展的方针，有序开展海洋能资源普查，积极推动海洋能清洁高效利用，开展海洋能发电示范工程。”在任务五“推进能源科技创新”中，《行动计划》明确了“页岩气、煤层气、页岩油、深海油气、煤炭深加工、高参数节能环保燃煤发电、整体煤气化联合循环发电、燃气轮机、现代电网、先进核电、光伏、太阳能热发电、风电、生物燃料、地热能利用、海洋能发电、天然气水合物、大容量储能、氢能与燃料电池、能源基础材料等20个重点创新方向”。

二、《国家应对气候变化规划（2014—2020年）》

2014年9月，国家发展改革委发布了《国家应对气候变化规划（2014—2020年）》。为控制温室气体排放，该规划提出了调整产业结构、优化能源结构、加强能源节约等9项举措。在“优化能源结构”中，提出“提高海洋能开发利用水平。建设一批潮汐能、潮流能示范电站，结合海岛用能需求，建设海洋能与风能、太阳能发电等多能互补独立示范电站”。此外，该规划认为，应对气候变化需强化科技支撑，需要加大技术研发力度，在能源领域，重点推进先进太阳能发电、先进风力发电、先进核能、海洋能、一体化燃料电池、智能电网、先进储能、页岩气煤层气开发、煤炭清洁高效开采利用等技术研发。

第二节 管理规定

《中华人民共和国可再生能源法修正案》(2010 年)的施行，有效促进了我国可再生能源产业发展，尤其是确定的国家设立可再生能源发展基金制度，为海洋可再生能源专项资金的设立提供了依据，极大促进了我国海洋能技术的快速提升。随着我国可再生能源技术和产业的发展，国家对《可再生能源发展专项资金管理暂行办法》进行了针对性的修改，为包括海洋能在内的可再生能源技术和产业的持续快速发展奠定了基础。

一、《关于印发<可再生能源发展专项资金管理暂行办法>的通知》

为促进可再生能源开发利用，优化能源结构，保障能源安全，根据《中华人民共和国预算法》《中华人民共和国可再生能源法》等相关法律法规以及党的十八届三中全会关于深化财税体制改革的具体要求，2015 年 4 月 2 日起，财政部印发的《可再生能源发展专项资金管理暂行办法》(下称《暂行办法》)开始施行，2006 年 5 月 3 日开始施行的原暂行办法废止。

《暂行办法》规定：专项资金由“支持可再生能源开发利用”变更为“支持可再生能源和新能源开发利用”。

具体支持范围由“可再生能源开发利用的科学技术研究、标准制定和示范工程；农村、牧区生活用能的可再生能源利用项目；偏远地区和海岛可再生能源独立电力系统建设；可再生能源的资源勘查、评价和相关信息系统建设；促进可再生能源开发利用设备的本地化生产”变更为重点支持“可再生能源和新能源重点关键技术示范推广和产业化示范；可再生能源和新能源规模化开发利用及能力建设；可再生能源和新能源公共平台建设；可再生能源、新能源等综合应用示范”等。

专项资金的使用方式由“无偿资助和贷款贴息”变更为“根据项目任务、特点等情况采用奖励、补助、贴息等方式支持并下达地方或纳入中央部门预算”；“资金分配结合可再生能源和新能源相关工作性质、目标、投资成本以及能源资源综合利用水平等因素，主要采用竞争性分配、因素法分配和据实结算等方式。对据实结算项目，主要采用先预拨、后清算的资金拨付方式。”

第三节　资金支持计划

在海洋可再生能源专项资金、国家高技术研究发展计划、国家科技支撑计划、国家自然科学基金等大力支持下，我国海洋能技术在基础科学研究、关键技术研发、工程示范、标准体系建设等各方面都取得了较大进展。

一、海洋可再生能源专项资金

为了推进我国海洋可再生能源的开发利用工作，在国家海洋局、财政部联合推动下，2010 年 5 月，中央财政从可再生能源专项资金中安排部分资金，设立了海洋可再生能源专项资金（下称“专项资金”），从海洋能独立电力系统示范、海洋能并网电力系统示范、海洋能产业化示范、海洋能技术研究与试验、海洋能标准及支撑服务体系 5 个方向进行支持。截至 2015 年 9 月，专项资金实际支持了 96 个项目（见表 1.1）。

表 1.1　专项资金项目汇总表

	2010 年	2011 年	2012 年	2013 年	2014 年	2015 年	合计
项目总数（项）	25	38	8	20	2	3	96

2014 年下半年以来，为实现《海洋可再生能源发展纲要（2013—2016 年）》提出的“到 2016 年，建成具有公共测试泊位的波浪能、潮流能示范电站以及国家级海上试验场，为我国海洋能的产业化发展奠定坚实的技术基础和支撑保障”的发展目标，专项资金安排了近 2 亿元用于大万山岛波浪能示范工程建设、舟山兆瓦级潮流能示范工程建

设以及海洋能综合支撑服务平台建设等项目。

其中，为进一步完善海洋能公共服务平台，为波浪能发电装置室内测试以及定型装置液压系统测试提供试验平台，为海洋能电站设计开发提供技术方法，为海洋能综合测试平台的运行管理提供支持手段，2014 年专项资金支持由国家海洋技术中心、上海交通大学等单位开展了“海洋能综合支撑服务平台建设（2014 年）”。为推进海洋能规模化应用，促进波浪能发电装置的产业化发展，2014 年专项资金支持由南方电网综合能源有限公司等单位开展“大万山岛波浪能示范工程一期建设”，主要包括测试泊位及海缆工程、电力监测及并网系统、环境监控系统、数据管理与服务系统、测试区岸基配套设施建设以及示范区并网系统、海缆岸基工程、岸基配套设施建设。2015 年专项资金又支持了舟山兆瓦级潮流能示范工程建设等 3 个项目。

截至 2015 年 5 月，专项资金投入经费总额近 10 亿元。其中，独立示范工程类共 12 项，投入资金 2.15 亿元；并网示范项目共 3 项，投入资金 0.67 亿元；产业化示范项目 8 项，投入资金 1.29 亿元；研究与试验类共 48 项，投入资金 1.39 亿元；标准及支撑服务体系共 25 项，投入资金 3.76 亿元（图 1.1）。

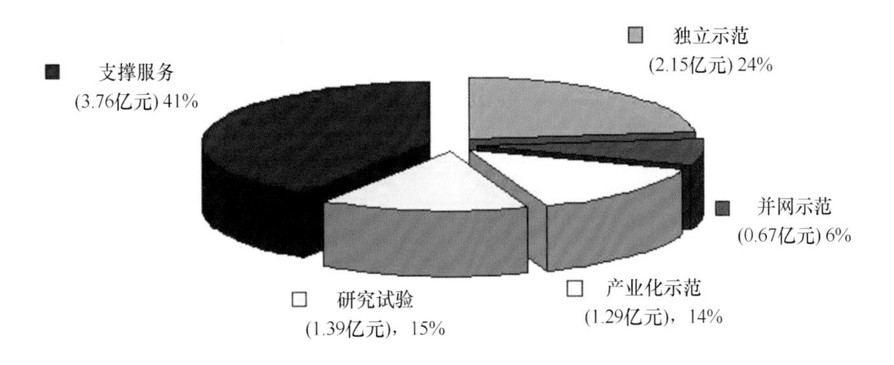

图 1.1　专项资金按支持方向经费占比统计

从各支持方向的资金分配及其趋势图来看，专项资金成立之初重点支持海洋能示范工程建设，依托资源丰富、制造业发达、经济基础强的重点地区做好全国海洋能发展布局（图 1.2）；2011 年重点支持了海洋能技术研究试验类项目，共支持了 30 个项目，希望在自主创新方面取得突破，增加技术储备，到2013年，从前期支持开展的海洋能技术取得的成果中，遴选出6个已完成海试的发电装置支持开展装备设计定型，促进研发成果从技术走向装备（图1.3），推动我国海洋能产业的发展；在海洋能公共支撑体系建设方面，鉴于多数海洋能装置样机海试及示范工程建设过程中存在用地用海难、部门协调复杂、海试标准难以统一、风险高等问题，2012年开始，加大了对海洋能公共试验场和示范区建设的支持力度（图1.4）。

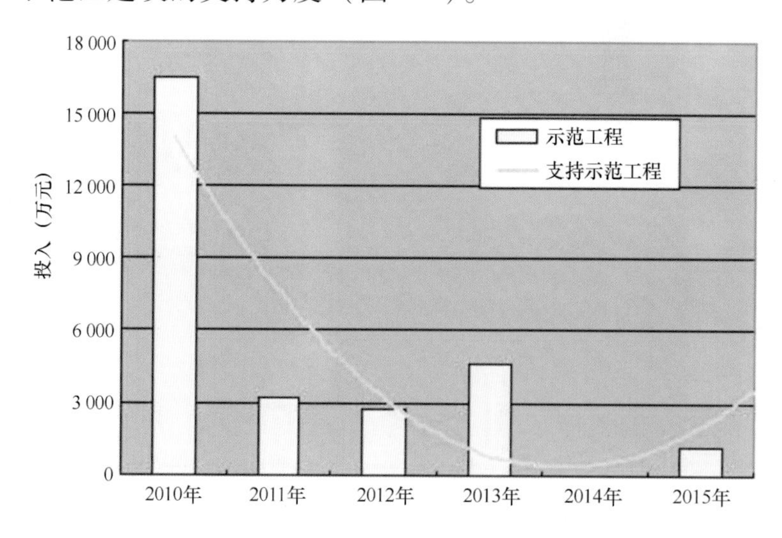

图1.2　示范工程投入统计

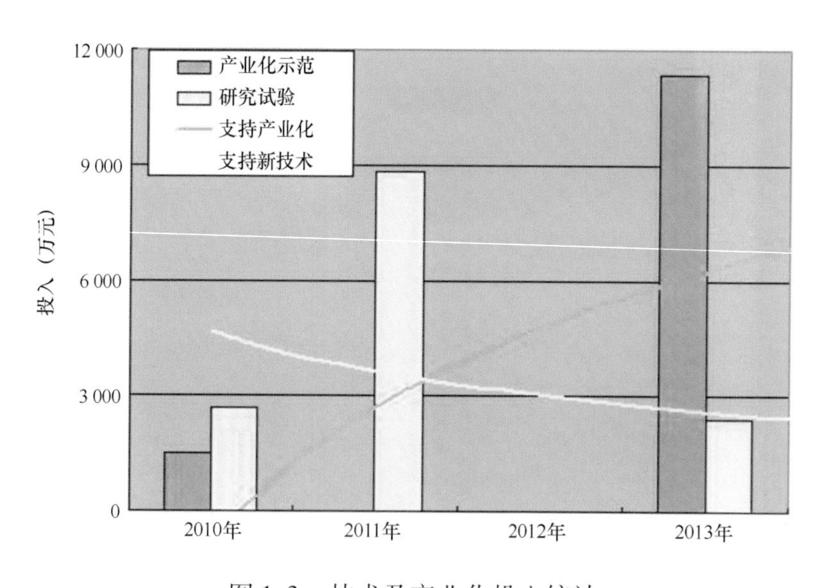

图1.3　技术及产业化投入统计

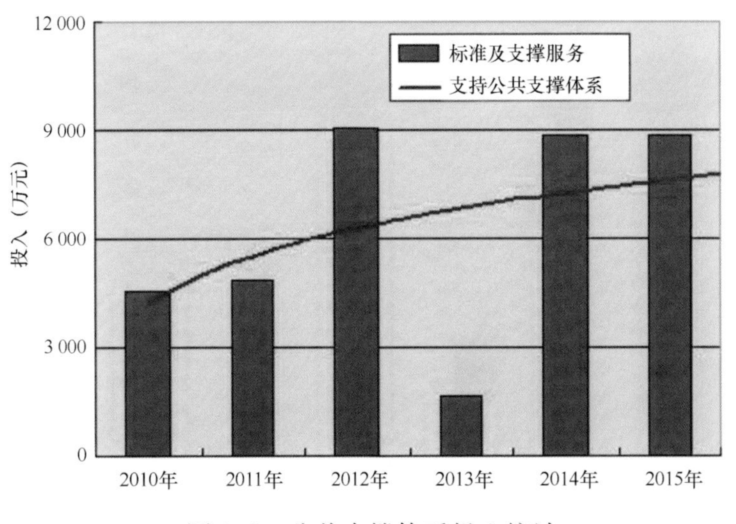

图 1.4　公共支撑体系投入统计

总体上看，海洋能专项资金的实施，充分发挥了中央财政资金在支持国家产业结构调整、培育战略性新兴产业、保障国家能源安全、探索能源结构调整等方面的引导作用。通过海洋能专项资金的推动，我国海洋能工作的整体水平得到了明显提升，取得了较为显著的成效。

二、国家自然科学基金

国家自然科学基金通过面上项目、重点项目等逐年加大对新兴海洋能领域相关科学问题研究的资助力度，有力推动了我国海洋能领域基础科学研究的发展，为我国海洋能基础科学研究整体水平的提升做出了积极贡献。

据不完全统计，2014 年，国家自然科学基金支持了 15 个海洋能相关研究项目，总经费近 1 000 万元（图 1.5）。

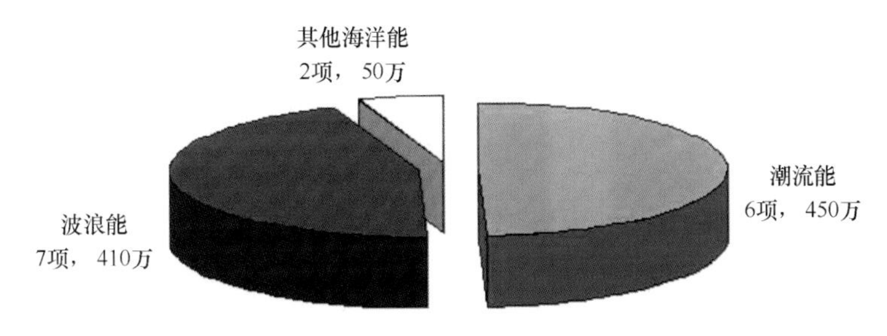

图 1.5　国家自然科学基金海洋能项目统计（2014 年）

三、其他资金支持计划

（一）科技部科技计划

“十二五”期间，科技部通过国家高技术研究发展计划（863 计划）、国家科技支撑计划等国家科技计划先后支持了海岛多能互补发电系统关键技术、万千瓦级潮汐试验电站技术、波浪能发电、潮流能发电技术等研究，积极推动了我国海洋能关键技术研发工作。

（二）国际合作计划

我国政府与全球环境基金和世界银行从 2006 年开始合作开展了中国可再生能源规模化发展项目（China Renewable Energy Scale－up Programme，CRESP）国际合作，共分三期实施。2014 年 6 月 13 日，CRESP 项目二期启动，获得国际赠款 2 728 万美元，主要支持可再生能源政策研究，促进可再生能源并网与消纳，推动支持可再生能源技术进步，实施可再生能源发展机制创新和示范工程以及开展可再生能源能力建设。

2014 年 12 月，在 CRESP 项目二期的支持下，由国家海洋技术中心开展了“十三五”海洋能发展战略研究。

第四节　其他相关政策

“十二五”期间，在国家各部委及沿海省市政府的大力支持下，我国海洋能技术研发及示范应用取得了明显进步，为促进海洋能工作的持续发展，相关部委纷纷启动了“十三五”海洋能战略研究工作。

一、海洋能战略研究

2015 年是我国“十二五”工作收官之年，为促进“十三五”期间海洋能的发展，国家海洋局、国家能源局、科技部分别启动了“十三五”海洋能战略研究工作。

国家海洋局于 2014 年 3 月启动了“国家海洋科技创新总体规划战

略研究”工作。其中第二专题“海洋资源开发科技创新及战略性新兴产业培育问题战略研究专题”设立了“海洋药物和生物制品业”“海洋油气业”“深海矿业”“海水综合利用业”“海洋可再生能源业”“海洋新材料制造业”6 个子专题。2014 年 7 月，“海洋可再生能源业”子专题完成了“海洋可再生能源科技创新规划战略研究”子专题报告；2014 年 12 月，在吸纳业内同行专家的海洋能重大科技项目建议后，经修改完善形成了“海洋能装备关键技术及综合示范应用战略研究”子报告，并提交总体组。

国家能源局具有“拟订并组织实施能源发展战略、规划和政策；组织制定新能源和可再生能源等能源的产业政策及相关标准”等职能。2014 年 12 月，国家能源局启动了“十三五”可再生能源发展规划研究工作，支持开展了“十三五”海洋能发展战略研究。2015 年 8 月，完成了“十三五”海洋能发展战略研究报告（初稿）。

国家科学技术部于 2014 年 6 月启动了“十三五”能源领域专题研究工作，分为洁净煤技术、可再生能源技术、核能技术、智能电网技术、氢能与燃料电池技术、节能技术、储能技术、新型能源系统关键技术及系统集成 8 个子领域开展“十三五”发展战略研究。其中，可再生能源技术子领域分为太阳能光伏、太阳能热利用、风能、生物质能、地热能、海洋能、可再生能源综合利用 7 个方向。2014 年 8 月，海洋能方向专题组在广州完成了综合及实地调研，召开了专题研讨会，讨论形成了“十三五”海洋能方向的重点任务与重大工程建议；2014 年 10 月，提交子领域形成了可再生能源子领域专题研究报告，并征集了领域同行专家意见，对子领域重点任务进行了修改完善；2015 年 4 月，对科技部征集的各部门及地方上报的国家重点研发计划任务建议进行了梳理及采纳，形成了国家重点研发计划可再生能源重点专项动议；2015 年 7 月，能源领域最终形成了 4 个重点专项，可再生能源与氢能技术作为其一，并面向中科院、工信部、农业部、住建部、教育部、海洋局等相关部委进行了意见征集，最终海洋能方向形成“海洋能资源特性及高效转换利用机理方法研究”与“海洋能利用核心装备技术与实海况发电系统”两项任务，目前可再生能源与氢能技术重点专项已提交国家战略咨询与综合评审特邀委员会。

中国工程院于2015年年初启动了“中国工程科技2035发展战略研究”项目，共设置了11个领域，其中第六领域“海洋跨学部课题”于2015年6月启动，围绕“海洋环境、资源和权益保障前沿工程技术”开展技术预见活动，“中国海洋能利用技术2035发展战略研究”作为7个专题之一得到了支持。初步形成了“兆瓦级潮流能发电技术与装备”“波浪能发电场关键技术与装备”“新型海洋能发现和综合利用技术”与“深海风电场关键技术与装备”4个技术清单，2015年8月，中国工程院面向全国海洋能领域专家进行了网上问卷调查，得到业内专家的积极响应，目前正在进行统计结果分析。

二、沿海省市海洋能相关政策

据不完全统计，“十二五”期间，沿海省市发布了20余项涉海洋能相关政策（见表1.2）。例如，山东省战略性新兴产业发展“十二五”规划、青岛蓝色硅谷发展规划、上海市可再生能源和新能源发展专项资金扶持办法、浙江省可再生能源发展专项资金管理暂行办法、宁波市海洋高技术产业发展三年行动计划、大连市海洋资源开发利用“十二五”规划、海南省海洋功能区划（2011—2020）、广西修造船及海洋工程装备工业发展“十二五”规划、天津海洋经济科学发展示范区规划等。

表1.2 沿海省市发布的涉海洋能政策（2011—2015年）

	涉海洋能政策	发布时间	发布部门
1	山东半岛蓝色经济区发展规划	2011年1月	国家发展改革委
2	山东省战略性新兴产业发展“十二五”规划	2012年11月	山东省人民政府
3	青岛市“十二五”海洋高技术产业发展规划	2011年4月	青岛市发改委
4	青岛蓝色硅谷发展规划	2012年2月	青岛市人民政府
5	山东省人民政府办公厅转发省科技厅关于加快推动创新型产业集群发展的意见的通知	2015年1月	山东省人民政府办公厅
6	上海市海洋战略性新兴产业发展指导目录	2014年4月	上海市海洋局等
7	上海市可再生能源和新能源发展专项资金扶持办法	2014年4月	上海市发改委等

续表

	涉海洋能政策	发布时间	发布部门
8	浙江省可再生能源发展专项资金管理暂行办法	2014 年 2 月	浙江省财政厅等
9	浙江省可再生能源开发利用促进条例	2012 年 5 月	浙江省人大
10	浙江省“十二五”及中长期可再生能源发展规划	2012 年 7 月	浙江省发改委
11	宁波市海洋高技术产业发展三年行动计划	2013 年 8 月	宁波市发改委
12	支持和促进海洋经济发展有关税收政策措施的意见	2011 年	宁波市国税局
13	宁波市海洋高技术产业“十二五”发展规划	2011 年	宁波市发改委
14	大连市海洋资源开发利用“十二五”规划	2011 年 9 月	大连市政府
15	大连市战略性新兴产业发展规划（2011—2020）	2012 年 9 月	大连市发改委
16	海南省海洋功能区划（2011—2020）	2012 年 11 月	海南省政府
17	海南省“十二五”海洋经济发展规划	2012 年 12 月	海南省政府
18	广西海洋经济发展“十二五”规划	2012 年 5 月	广西壮族自治区海洋局
19	广西修造船及海洋工程装备工业发展“十二五”规划	2011 年 11 月	广西工信委
20	天津海洋经济科学发展示范区规划	2013 年 9 月	国家发展改革委
21	天津市海洋功能区划	2012 年 10 月	天津市人民政府
22	深圳市海洋产业发展规划（2013—2020 年）	2013 年 11 月	深圳市人民政府

第二章　技术进展

2014 年 5 月以来，海洋能专项资金、国家自然科学基金等国家财政投入将近 2 亿元用于支持海洋能基础理论研究、海洋能新技术研究、海洋能工程示范建设以及海洋能公共支撑服务体系建设，有效提升了我国海洋能开发利用研究及应用水平。

据不完全统计，我国目前已开发的潮流能发电装置达 29 个，其中装机容量 100 千瓦以下的装置 19 个，100 千瓦以上的装置 10 个；我国目前已开发的波浪能发电装置达 39 个，其中装机容量 100 千瓦以下的装置 31 个，100 千瓦以上的装置 8 个；大多数研发的海洋能发电装置都经历了海试。截至 2015 年 5 月，仅海洋能专项资金支持的海洋能项目就取得了授权专利 200 项，发表论文 411 篇，其中 EI/SCI 收录论文 27 篇（图 2.1）。

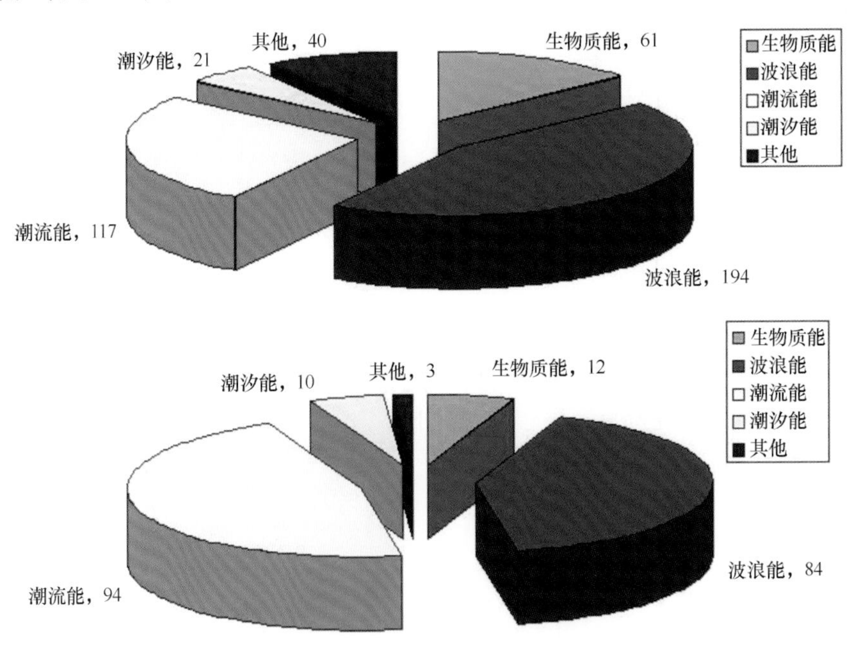

图 2.1　专项资金支持下发表论文（上图）及授权专利（下图）统计

第一节　潮汐能

自1980年并网发电以来，江厦潮汐试验电站运行良好，电站采用的新型双向卧轴灯泡贯流式机组和电站的自动化水平、安全水平以及设备整体水平均为国际先进。目前，江厦潮汐试验电站正在进行1号机组增效扩容改造。

2010年以来，我国先后完成了健跳港、乳山口、八尺门、马銮湾等多个万千瓦级潮汐电站工程预可研，正在开展瓯飞万千瓦级潮汐电站建设工程预可研。

鉴于传统拦坝式潮汐电站对海洋综合利用及海洋环境的潜在影响，近年来我国还开展了利用海湾内外潮波相位差发电研究、动态潮汐能技术研究等环境友好型潮汐发电新技术研究。

一、拦坝式潮汐能技术进展

（一）江厦潮汐电站

截至2014年年底，江厦潮汐试验电站的累计发电量超过1.931 4亿千瓦时。近年来，江厦潮汐试验电站先后经过几次技术升级改造，代表了我国潮汐电站的最高技术水平。

目前，龙源电力集团股份有限公司联合中国水电工程顾问集团华东勘测设计研究院（下称“华东勘测设计研究院”）、清华大学等单位，正在开展江厦电站1号机组增效扩容改造，1号机组经改造后单机容量将由500千瓦增加至700千瓦。

2014年5月，清华大学完成了模型机组试验，试验得到的模型机组正向水轮机最高效率85.3%，反向水轮机最高效率78.1%，正向水泵水力效率达到78%，反向水泵水力效率达到70%，现场二期混凝土已于2015年1月全部浇筑完毕（图2.2）。设备制造工作由东芝水电设备（杭州）有限公司完成。目前，已完成了1号机组主机及相关机电设备的安装，正在进行机组调试和试运行，1号机组于2015年6月实现并网发电。

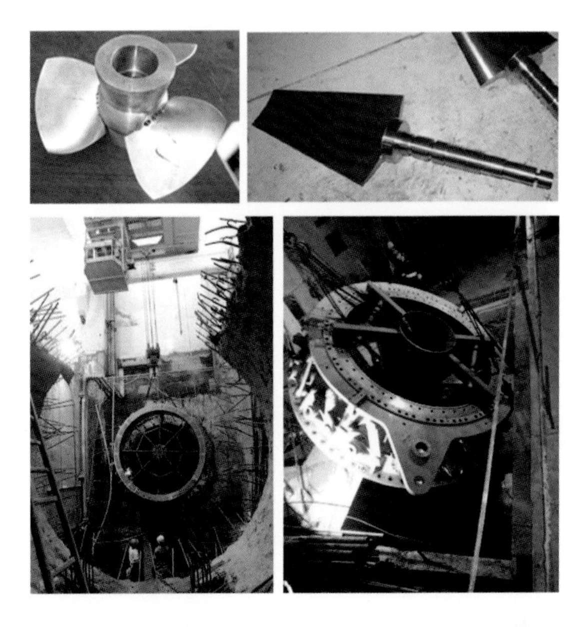

图2.2　机组部件加工、安装及土建施工现场

（二）温州瓯飞潮汐电站预可研

温州瓯飞潮汐电站规划站址位于浙江省温州市瓯飞滩涂，位于瓯江河口和飞云江河口口外区域。2014 年 3 月，华东勘测设计研究院联合中国海洋大学开展了“温州瓯飞万千瓦级潮汐电站建设工程预可研”。目前已完成《温州瓯飞潮汐电站预可行性研究报告》。

规划电站采用单库单向、涨潮充水、落潮发电运行方式，电站经济内部收益率为 8.07%，经济净现值 20 479 万元。电站库区面积约 2.3 万公顷，总装机容量 45.1 万千瓦，采用 41 台单机容量 1.1 万千瓦、额定水头 3.5 米、转轮直径为 7.45 米的灯泡贯流式机组。工程静态总投资为 4 734 116.03 万元，总投资为 5 654 651.66 万元。按照发电工程部分投资测算上网电价，发电工程静态总投资 878 853 万元，单位千瓦投资 19 487 元/千瓦，单位电能投资 9.48 元/千瓦时，按全投资财务内部收益率不低于 8% 测算的出厂电价为 1.505 元/千瓦时。

（三）高效低水头大流量双向竖井贯流式水轮机

2011 年，河海大学开展了新型高效低水头大流量双向竖井贯流式水轮机开发与研制工作。机组单机容量 150 千瓦，设计水头 2.5 米，设计工况下正向发电水力效率不低于 88%，反向发电水力效率达到 80%。水轮机由浙江中水发电设备有限公司加工制造，目前已安装到江苏省灌溉总渠管理处运西水电站进行示范。

二、环境友好型潮汐能技术进展

（一）海湾内外潮波相位差潮汐能发电技术

在 2011 年海洋能专项资金支持下，国家海洋局第二海洋研究所开展了利用海湾内外潮波相位差进行潮汐能发电技术的研究，并选取福建三沙湾为示范进行新型潮汐能利用方式的可行性分析，评估研究区内新型潮汐能资源的储量及其对海湾环境的友好响应。

自 2012 年开始，进行了连续 1 年、时间分辨率为 10 分钟的 3 个站位的潮位观测资料，获得了高分辨率的陆地地形勘测详图和海湾内外水下地形勘测详图，开展了 7 个站位的同步潮流泥沙观测资料以及半岛颈部工程地质资料，建立了数值模型，并开展了站址新型潮汐能储量评估（图 2.3）。

图 2.3　三沙湾电站建设位置示意图

根据目前已完成的工程实施分析研究报告，三沙湾新型潮汐电站采用双向灯泡贯流式机组，装机规模可达 10 兆瓦，单位千瓦投资约 2.64 万元，年发电量可达 957.4 万 ~1 550.9 万千瓦时。

（二）动态潮汐能技术

1997 年，荷兰科学家首次提出了动态潮汐能（DTP）理论，通过建造一个垂直于海岸且长度不低于 30 千米的“T”形水坝，干扰沿大陆架海岸平行传播的潮汐波，从而在大坝两侧引起潮汐的相位差，并产生水位差来推动坝体内的双向涡轮机进行发电。研究认为，中国的动态潮汐能资源丰富。中国和荷兰于 2012 年签署了《中荷动态潮汐能合作工作计划》，2014 年 5 月李克强总理访问荷兰期间签署了两国能源开发合作项目，此后双方共同推进动态潮汐能技术在中国的应用研究。

目前，华东勘测设计研究院和清华大学等单位正在开展 DTP 数模研究分析方法、DTP 站址选划、DTP 适用模型机组的水力学特性研究等工作，并对福建东山岛等潜在 DTP 开发利用站址进行了初选。

第二节　潮流能

据初步统计，我国目前从事潮流能技术研发的主要单位共有 24 家（见表 2.1），现有已开发的潮流能装置共 29 个，其中 18 个完成海试（见表 2.2）；截至 2015 年 5 月，仅专项资金支持的潮流能项目就取得了授权专利 94 项，申请专利 100 项，发表论文 117 篇，其中 EI/SCI 收录 11 篇。

表 2.1　从事潮流能技术研发的主要单位统计

类型	数量	单位名称
大专院校	8	浙江大学、哈尔滨工程大学、大连理工大学、上海交通大学、东北师范大学、哈尔滨工业大学（威海）、中国海洋大学、浙江大学宁波理工学院
科研机构	2	中国科学院电工研究所、岱山县科技开发中心
企业	14	中国长江三峡集团公司、中海油研究总院、哈尔滨电机厂有限责任公司、国电联合动力技术有限公司、浙江舟山联合动能新能源开发有限公司、杭州江河水电科技有限公司、哈电发电设备国家工程研究中心有限公司、沈阳风电设备发展有限责任公司、唐山开滦有限责任公司、大唐山东发电有限公司、中国节能环保集团公司、烟台银都实业有限公司、岱山县高亭船厂、青岛海斯壮铁塔有限公司

表 2.2　已完成海试的潮流能装置统计

序号	类型	装置	研发单位	海试时间	装机容量
1	垂直轴	“万向 I”	哈尔滨工程大学	2002 年 1 月	70 千瓦
2		“万向 II”	哈尔滨工程大学	2005 年	40 千瓦
3		“海能 I”	哈尔滨工程大学	2012 年 7 月—2013 年 11 月	2×150 千瓦
4		“海能 III”	浙江岱山科技开发中心	2013 年 12 月—2014 年 8 月	2×300 千瓦
5		新型竖轴直驱式潮流能发电装置	大连理工大学	2013 年 10 月—2014 年 1 月	15 千瓦
6	水平轴	低流速潮流能发电装置	东北师范大学	2005 年	1 千瓦
7		“水下风车”	浙江大学	2006 年 4 月	5 千瓦
8		海洋表层潮流能发电装置	东北师范大学	2008 年	2 千瓦
9		半直驱潮流能发电机组	浙江大学	2009 年 5 月	25 千瓦
10		“海明 I”	哈尔滨工程大学	2011 年 9 月至今	10 千瓦
11		“海能 II”	哈尔滨工程大学	2013 年 6 月—2014 年 8 月	2×100 千瓦
12		“海远号”	中国海洋大学	2013 年 8 月—2014 年 8 月	2×50 千瓦
13		水平轴自变距潮流能装置	东北师范大学	2013 年 4 月	20 千瓦
14		新型永磁直驱式潮流能发电装置	青岛海斯壮铁塔公司、哈尔滨工业大学威海分校	2014 年	10 千瓦
15		潮流能、波浪能耦合发电系统	浙江大学宁波理工学院	2013 年 7—9 月	25 千瓦
16		半直驱轴潮流发电系统	浙江大学	2014 年 5 月至今	60 千瓦
17	其他技术	柔性叶片潮流能发电装置	中国海洋大学	2008 年 11 月	5 千瓦
18		变几何水轮机发电装置	上海交通大学	2013 年 3—6 月	20 千瓦

2014年5月以来，浙江大学研制的“60千瓦半直驱水平轴潮流能发电装置”已进行了1年的海试，累计发电量已超过2万千瓦时；大连理工大学研制的“15千瓦竖轴直驱式潮流能发电装置”经历了长期海试，于2015年4月通过国家海洋局科学技术司组织的验收；2013年支持的潮流能装备定型项目进展顺利。

一、2×300千瓦潮流能发电工程样机产品化设计与制造

浙江大学研制的60千瓦半直驱水平轴潮流能发电装置工程样机，于2014年5月在浙江省舟山市摘箬山岛海域开展长期海试（图2.4），截至2015年4月底，累计发电量已超过2万千瓦时。

图2.4　海试机组入水及海试夜景

60千瓦半直驱水平轴潮流能发电装置在海试过程中分别经过了浙江省机电产品质量检测所和中国船级社的第三方现场检测，结果表明：在额定工况下，该机组的叶片能量捕获系数 Cp 超过40%，系统效率达到39%，机组的低速启动性能优异，启动流速为0.6～0.8米/秒。装置在海试过程中输出的最大功率达到118千瓦，机组日输出电能100～300千瓦时，目前累计发电量已经超过了2万千瓦时，是目前国内发电量最多的潮流能装置。

在60千瓦半直驱水平轴潮流能发电装置的技术基础上，2013年海洋能专项资金支持国电联合动力技术有限公司和浙江大学等开展“2×300千瓦潮流能发电工程样机产品化设计与制造”，开始研制300千瓦潮流能机组工程样机，实现300千瓦机组的产品化设计与制造。

截至2015年3月，基本完成了比例样机关键部件的加工与装配，叶片加工已接近完成；电气系统已生产完毕并经过了厂内并网调试；变桨液压系统已装配完成并进行了厂内功能性试验（图2.5）。同时，根据制定的比例样机海上试验安装方案，已完成现有海上试验平台的改造设计。

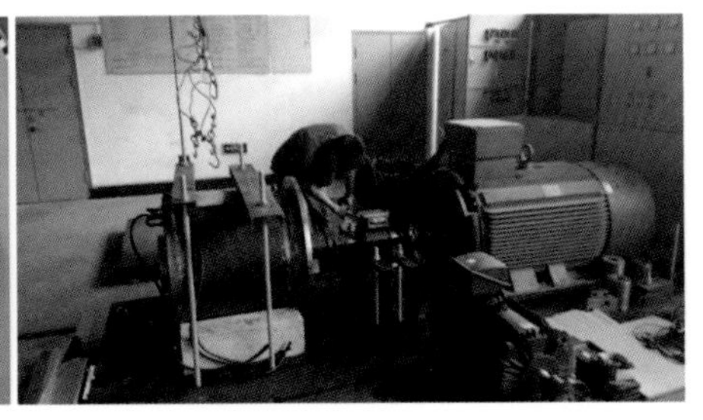

图2.5　完成的装配部件及发电机测试

二、LHD模块化大型海洋潮流能发电机组

在2013年海洋能专项资金支持下，浙江舟山联合动能新能源开发有限公司开展了“LHD－L－1000林东模块化大型海洋潮流能发电机组项目”建设，拟在前期完成的大型潮流能发电设备的设计、中试与材料研发的基础上，实施建造1.2兆瓦潮流能发电产业化示范电站。

LHD－L－1000林东模块化大型海洋潮流能发电机组共分四期建设，项目总装机容量为9.8兆瓦，项目海域选址位于岱山县秀山岛东南侧三个水道，拟用海面积1.26万米^2。

2014年5月，舟山市岱山县海洋与渔业局核准了对该项目的环评报告，LHD－L－1000林东模块化大型海洋潮流能发电机组项目正式开工建设；2014年7月，项目获浙江省发改委立项批复。截至2015年4月，已基本完成各子项目工程建设：联合动能海洋能大型实验室和汇流站已完成整体建筑；配电房、升压站及电塔路由已完成建设；发电系统构件和总成平台已制造拼装完成（图2.6）；1号机组1兆瓦（2个模块）水轮机等相关发电模块已完成制造。

图 2.6　系统构件拼装、沉底锚、电塔路由等

三、大连理工大学竖轴直驱式潮流能装置

2011 年，大连理工大学开始研制“15 千瓦竖轴直驱式潮流能发电装置”，2013 年 10 月，15 千瓦装置样机在辽宁大连大、小长山岛之间的水道开展了 4 个月的海上试验（图 2.7）。海试期间，最大输出功率可达 8 千瓦，装置的能量转换效率超过 25%，2015 年 4 月通过国家海洋局科学技术司组织的验收。

图 2.7　15 千瓦潮流能装置开展试验

四、斋堂岛潮流能多能互补独立电力系统示范

2010年，中海油研究总院牵头开展“500千瓦海洋能独立电力示范工程”，拟在山东斋堂岛建设一个总装机功率不低于500千瓦，其中海洋能装机功率不低于60%（包含漂浮载体水平轴潮流发电装置200千瓦，坐海底水平轴潮流发电装置100千瓦）的独立电力系统。

至2014年7月，已完成斋堂岛陆上集控中心建设，3台50千瓦风力发电装置和1套50千瓦太阳能发电装置的安装，潮流能发电装置的陆上组装及海上试运行等工作，潮流能发电装置进行了近1个月的海试。截至2015年4月，该示范工程在山东省斋堂岛海域持续试运行，累计发电量83 556.8千瓦时。

五、岱山潮流能独立电力系统示范

2010年，浙江省岱山县科技开发中心和岱山县高亭船厂依托哈尔滨工程大学“海能III”垂直轴潮流能装置技术，开展了“2×300千瓦海洋能独立电力系统示范工程”建设。

2013年12月起，“海能III”在岱山海域开展海试，布放海域水深40米、距离岸边400米，海试期间经历了数次台风，装置转换效率接近30%，到2014年8月，“海能III”在岱山海域海试了近10个月。

第三节　波浪能

据初步统计，我国目前从事波浪能发电技术研发的主要单位共有26家（见表2.3），现有已开发的波浪能发电装置共39个，其中35个已经完成海试（见表2.4）；截至2015年5月，仅专项资金支持的波浪能相关项目就取得授权专利84项，申请专利83项，共发表论文194篇，其中EI/SCI收录2篇。

表 2.3 从事波浪能技术研发的主要单位统计

类型	数量	单位名称
大专院校	9	上海海洋大学、华北电力大学、山东大学、中国海洋大学、东南大学、集美大学、浙江海洋学院、中山大学、武汉大学
科研机构	10	中国科学院广州能源研究所、国家海洋技术中心、中国科学院南海海洋研究所、中国电子科技集团公司第三十八研究所、中国船舶重工集团公司第七一〇研究所、中国船舶重工集团公司第七一一研究所、中国科学院电工研究所、中国水利水电科学研究院、连云港市海域使用保护动态管理中心、广东省海洋与渔业服务中心
企业	7	南方电网综合能源有限公司、中海工业有限公司、青岛海纳重工集团公司、广东中大南海海洋生物技术工程中心有限公司、天津海津海洋工程有限公司、华能新能源产业控股有限公司、山东三融集团有限公司

表 2.4 已完成海试的波浪能装置统计

序号	类型	装置	研发单位	海试时间	装机容量
1	振荡水柱式	航标灯用小型波力发电装置	中国科学院广州能源研究所	1985—1987 年，2003 年形成产品	10 瓦
2		航标灯用波浪发电装置Ⅰ	中国科学院广州能源研究所	1985—1987 年	60 瓦
3		航标灯用波浪发电装置Ⅱ	中国科学院广州能源研究所	1985—1987 年	100 瓦
4		OWC 波力电站	中国科学院广州能源研究所	1989 年	3 千瓦
5		岸式 OWC 装置	中国科学院广州能源研究所	1992—1996 年	20 千瓦
6		岸式 OWC 电站	中国科学院广州能源研究所	1997—2002 年	100 千瓦

续表

序号	类型	装置	研发单位	海试时间	装机容量
7	振荡浮子式	岸式振荡浮子装置	中国科学院广州能源研究所	2006 年 4 月	40 千瓦
8		鸭式样机	中国科学院广州能源研究所	2009 年	10 千瓦
9		鸭式 1 号	中国科学院广州能源研究所	2010 年	10 千瓦
10		鸭式 2 号	中国科学院广州能源研究所	2012 年	10 千瓦
11		鸭式 3 号	中国科学院广州能源研究所	2013 年	100 千瓦
12		鹰式 1 号	中国科学院广州能源研究所	2012 年 12 月—2014 年 5 月	10 千瓦
13		哪吒 1 号	中国科学院广州能源研究所	2012 年	10 千瓦
14		哪吒 2 号	中国科学院广州能源研究所	2013 年 2—6 月	20 千瓦
15		面向实时传输海床基的波浪能供电装置	上海海洋大学	2013 年 7 月 5 日—10 月 26 日	4×300 瓦
16		用于海洋资料浮标的波浪能供电装置	青岛海纳重工集团公司	2014 年 4—8 月	1 千瓦
17		恶劣海况自保护高效稳定波浪能发电装置	浙江海洋学院	2013 年 12 月—2014 年 5 月	10 千瓦
18		漂浮式液压海浪发电站	山东大学	2012 年 11 月	120 千瓦
19		用于海洋观测设备的直驱式波浪发电系统	东南大学	2014 年 7 月 2 日	5×200 瓦
20		新型高效波浪能发电装置	中山大学	2014 年	2×10 千瓦
22		液压浮子式波浪能发电装置	天津海津海洋工程有限公司	2014 年 5—8 月	10 千瓦
21		组合型震荡浮子波能发电装置	中国海洋大学	2014 年	10 千瓦

续表

序号	类型	装置	研发单位	海试时间	装机容量
22	摆式	小麦岛摆式装置	国家海洋技术中心	1995 年	8 千瓦
23		大管岛摆式Ⅰ	国家海洋技术中心	2001 年	30 千瓦
24		大管岛摆式Ⅱ	国家海洋技术中心	2011 年 9 月—2012 年 12 月	30 千瓦
25		浮力摆式波浪能装置	国家海洋技术中心	2012 年 7 月	100 千瓦
26		适应低能流密度的摆式波浪能装置	广东省海洋与渔业服务中心、华南理工大学	2012 年 7 月	6×10 千瓦
27	风浪流互补耦合发电技术	海上波浪能与风能互补发电平台	华北电力大学	2014 年 7—11 月	20 千瓦（波浪 12 千瓦）
28		集大 1 号	集美大学	2014 年 6 月—2015 年 4 月	10 千瓦
29	其他波浪能技术	磁流体波浪能发电技术	中科院电工研究所	2015 年 2 月	2 千瓦
30		浮体绳轮波浪能发电装置	山东大学	2015 年 4 月	10 千瓦
31		横轴转子水轮机波浪发电系统	中国水利水电科学研究院	2013 年 12 月、2014 年 12 月	5 千瓦
32		波浪差动能发电装备	中国科学院南海海洋研究所、武汉大学	2014 年 7 月、2014 年 11 月	1 千瓦
33	波浪能示范电站	大管岛多能互补电站（重力摆）	国家海洋技术中心	2011 年 9 月	105 千瓦
34		南海海岛海洋能独立电力系统示范工程	中国科学院广州能源所	2012 年 12 月—2014 年 5 月	500 千瓦
35		嵊山岛多能互补示范电站	中船重工第七一一研究所	2014 年 10—12 月	500 千瓦

2014 年 5 月以来，中国科学院广州能源研究所在其研制的“10 千瓦鹰式波浪能发电装置”无故障运行 6 个多月的基础上，继续开展 100 千瓦鹰式波浪能发电装置研发，目前已完成海试样机装配和调试；浙江海洋学院研制的 10 千瓦“恶劣海况下自保护式高效稳定波浪能发

电装置”，实现海上无故障运行160多天，于2015年4月通过国家海洋局科学技术司组织的验收；2013年支持的波浪能装备定型项目进展顺利。

一、鹰式波浪能发电装置

中国科学院广州能源研究所研制的10千瓦鹰式波浪能发电装置——“鹰式1号”，自2012年12月起在万山岛海域进行了一年半的海试，运行期间，装置单次无故障连续运行时间超过6个月，并经历了201330号台风“海燕”，装置在风暴中仍能正常发电。

在“鹰式1号”装置成功运行的基础上，2013年专项资金支持中海工业有限公司、中国科学院广州能源研究所和山西高行液压股份有限公司开展100千瓦鹰式波浪能发电装置工程样机（鹰式装置万山号）研建。“万山号”为双向四鹰头设计，即在半潜船上朝迎波方向并排布置2个鹰头，朝被浪方向并排布置2个鹰头，装置前后完全对称，设两套发电系统和一套锚泊系统。装置总长36米，型宽24米，型深1.8米，适应水深20~100米。

2014年7月开始，先后开展了实海况装置方驳结构建造、鹰头结构建造、机加工件建造、主体结构组装、装置下水等工作；完成了液压各单元制作及出厂前测试，目前液压发电设备已在装置上安装，正在进行联调联试；截至2015年4月底，已在中海工业菠萝庙船厂完成了装置主体钢结构的建造及系统装配等工作（图2.8）。

图2.8 “万山号”主体吊装下水（左图），液压发电系统试验（右图）

二、浙江海洋学院波浪能发电装置

在2011年海洋能专项资金支持下，浙江海洋学院针对波浪随机性强，能量时大时小、时有时无，尤其是恶劣海况下，波浪能发电装置难以连续稳定运行的情况，研制了“恶劣海况下自保护式高效稳定波浪能发电装置”，该装置由浮筒、蓄能库、液压油缸及蓄能器组成，安装有5千瓦、3千瓦、2千瓦三台发电机。截至2014年5月，该装置在舟山海域海上无故障运行时间达到165天（图2.9），能量转换效率超过16.4%。2015年4月，项目通过了国家海洋局科学技术司组织的验收。

图2.9　自保护式高效稳定波浪能发电装置海上试验

该项目研制的自适应随动波浪齿条，可随潮位实时变化而调整浮筒浮态，从而确保波浪能发电装置的连续运转；采用群组液压油缸布置在波浪齿条两边，充分吸收能量，提高转化效率，而且可消除水平冲击影响，实现机械能向液压能的第二级平稳转换（图2.10）；研制的自动平稳调节机构，可自动切换发电量输出负荷，大浪大负荷输出，小浪小负荷输出，实现第三级液压能向电能连续稳定的转换。

图 2.10　自适应随动波浪齿条和群组液压油缸

三、集美大学振荡浮子式波浪能装置

在 2011 年海洋能专项资金支持下，集美大学研制了 10 千瓦浮摆式波浪能发电装置（集大 1 号）。该装置为波浪能和风能综合发电装置，包括 10 个振荡浮子、2 个浮摆、1 个垂直轴风机等设备。

截至 2015 年 4 月底，“集大 1 号”在福建厦门小嶝岛海域已进行 1 年多的海试（图 2.11），正常运行 5 000 多小时，实际最大发电功率 3.6 千瓦，海洋动能（海浪、海风）的转化效率达 15%。

图 2.11　台风海况时运行模式

海试期间，分别对漂浮平台单侧 5 个浮子、4 个浮子、3 个浮子、2 个浮子、1 个浮子同时运行等情况开展了系统能效分析。结果表明：

投入运行的浮子越少，有电能输出时对应的波高越大；在波浪波况增大时，输出功率要低于理论计算值，而且投入运行的浮子越多，该现象越明显；随着振荡浮子个数增多，系统的能量转化效率降低，当系统只投入一个浮子时系统的实际能量转化效率可达26.9%，而当同侧5个浮子全部投入运行时，系统的实际能量转化效率仅为10.7%，原因为多个振荡浮子之间间距较小，使得振荡浮子之间存在相互干扰和影响，下一步将对浮子阵列的布放方式、距离等进行进一步优化。

四、筏式液压波浪发电装置

2011年，中船重工第七一〇研究所开展了筏式液压海浪发电装置研制工作，2012年海洋能专项资金继续支持其在该技术基础上开展“大万山岛波浪能独立电力系统示范工程”建设。

2014年6月，完成了筏式液压波浪发电装置总装调试工作；2014年7月，开始了装置全系统布放，并开展了1个月的海试（图2.12）；2014年11月起，进行了改进加工及波浪发电装置恢复，目前波浪发电装置内部设备已开展陆上联调，具备了总装调试条件。

图2.12　筏式液压波浪发电装置海上试验

五、波浪差动能提取技术及发电装备

在2013年海洋能专项资金的支持下，中国科学院南海海洋研究所和武汉大学联合开展了“波浪差动能提取技术及发电装备研究”项目。该项目根据海洋表面波浪区和水下稳定区在垂直方向上存在着最大差动能量的特征，利用其提取波浪能。

该装置由漂浮平台和位于水下的波轮机组成，二者通过多连杆传导方式连接，漂浮平台受波浪驱动上下运动时拖动波轮机转动，将能量传递到浮动平台上的发电机转换成电能。

2014 年 7 月，项目组研制了直径 1.2 米的实验室样机，并完成了 2 次岸边试验以及 1 次海试，验证了浮动平台与波轮机链接的可行性；2014 年 11 月，研制了直径 1.5 米的实验室原理样机，完成了 1 次岸边试验以及 2 次海试（图 2.13）。

图 2.13　漂浮式发电样机海上试验

六、嵊山岛多能互补独立电力系统示范

2013 年，中船重工第七一一研究所和国家海洋技术中心共同开展了“浙江省嵊山岛海洋能多能互补独立电力系统示范工程”建设，由 300 千瓦波浪能装置、150 千瓦风机、25 千瓦太阳能热发电系统、100 千瓦生物质能发电装置以及海水淡化装置组成。

示范工程选用的波浪能装置为浮力摆式波浪能装置，已完成两套装置的加工制造和海工建设等工作，2014 年 10—12 月，浮力摆式波浪能发电装置开展了海上联调试验，期间发电机最大输出电功率为 12.6 千瓦。

目前，嵊山岛多能互补独立电力系统示范工程选用的风机已完成了现场安装调试、5 套 1 千瓦的碟式太阳能热发电系统的现场安装调试，生物质发电系统完成了热气机设备及外围系统的制造安装以及沼液池机电设备安装等（图 2.14）。

图 2.14　生物质发电系统、太阳能热发电系统、风机完成现场安装

第四节　温差能、盐差能及其他海洋能

我国具有丰富的温差能和盐差能资源储量。根据 908 专项开展的我国海洋能资源调查与评价的相关成果，我国南海区域表层与深层海水温差不低于 18 摄氏度的水体所蕴藏的温差能资源潜在量约为 3.67 亿千瓦，技术可开发量达 0.26 亿千瓦；我国主要河口盐差能资源潜在量约为 1.13 亿千瓦，技术可开发量达 0.11 亿千瓦。

我国的温差能、盐差能、海洋生物质能等发电技术还处于起步阶段，正在开展小功率温差能发电装置及温差能技术为海洋观测仪器供电的研究、黄海冷水团的深水冷源应用研究以及盐差能发电技术实验室研究等原理性应用研究。这些项目的研发填补了我国的空白，为今后的技术发展打下了坚实的基础。

一、温差能开发利用技术研究

在2013年海洋能专项资金支持下，国家海洋局第一海洋研究所开展了“海洋温差能开发利用技术研究与试验”项目，拟利用构建的新型高效热力循环模型，在海洋温差能实验室内搭建装机容量不低于5千瓦的氨水混合工质的海洋温差能发电装置样机，并利用热泵系统和冷水机组为海洋温差发电装置提供模拟的温、冷海水对其进行试验，使样机的热力循环效率不低于3%。

截至2015年1月，完成了国海循环热力循环计算及优化，得出理论情况下系统运行效率最高时各节点参数及净输出功最高时的系统各节点参数，完成了海洋温差能发电的总体设计、氨透平等关键部件的加工制造、主要机电设备选型与订货，并选定在青岛蓝色硅谷核心区开展海洋温差能实验室的建设。

二、黄海夏季冷水集中供冷系统装置研发与试验

在2013年海洋能专项资金支持下，中国海洋大学开展了“黄海夏季冷水集中供冷系统装置研发与试验”，针对夏季黄海冷水团这一独特海洋现象开展温差能综合利用技术研究与试验，针对低温海水研究集中供冷系统及其各子系统的结构，实现利用黄海冷水团低温水进行集中供冷的小型化示范。

2014年9月，完成样机试制、装配及空调焓差实验室测试；2014年10月，经过在“天使号”调查船约1个月的海试后，运回杭州研发基地进行改进；2015年3月，在陆地实验室开展了系统稳定性工作试验。

三、盐差能发电技术研究

在2013年海洋能专项资金支持下，中国海洋大学开展了“盐差能发电技术研究与试验”，拟通过对盐差能技术的研究与试验，研发出转换效率较高的、可在实验室环境下长期运行的、总装机容量不低于

100 瓦的盐差能发电装置样机，并在渗透膜性能的提高、膜组结构设计、渗透压力交换器、膜清洗技术以及样机后期维护等关键技术上取得突破。

目前已完成了正渗透膜的优化和测试工作，确定了膜组件的结构形式和制造方法，研制了正渗透膜渗透性评价系统，测定在施加压力条件下正渗透膜的渗透特性；构建了膜组性能测试实验装置，进行了单膜组性能测试实验。

四、海泥电池能源供电技术

在 2011 年海洋能专项资金的支持下，中国海洋大学开展了“海泥电池能源供电关键共性技术及驱动监测仪器实海验证研究”。2014 年 12 月，共设计加工了海泥生物燃料电池和海泥镁电池共两类海泥电池，并进行了海底施工和布放（图 2.15），成功驱动 12 伏 CTD（温盐深传感器）和 5 伏 TD（温深传感器）等仪器的长期运行。

图 2.15　海泥生物燃料电池实海布放和回收

截至 2015 年 4 月，海泥镁电池实海况运行已达 15 个月，海泥生物电池已达 8 个月，且仍在海上驱动监测仪器运行。

第三章　公共支撑服务体系建设

近年来，在海洋能专项资金的支持下，开展了一系列海洋能标准的研究和制定工作，初步建立了我国海洋能开发利用技术标准体系。

随着越来越多的海洋能装置进入海试阶段，海试风险大、成本高、测试标准不统一、用海审批协调难等已经成为制约我国海洋能技术成熟度提升的重要因素。2012 年开始，我国开始加大对海洋能海上试验场建设的投入力度，截至2015 年5 月，我国已投入超过2.8 亿元支持海洋能海上试验场建设，分别在总体规划、方法研究、系统设计和工程建设等方面给予了支持。

第一节　海洋能标准体系建设

在海洋能专项资金的支持下，开展了一系列标准的研究和制定工作，初步建立了我国海洋能开发利用技术标准体系。全国海洋能转换设备标准化技术委员会、全国海洋标准化技术委员会海洋观测及海洋能源开发利用分技术委员会等海洋能标准化工作组织的建立，有力推动了我国海洋能标准化工作的开展。

一、全国海洋标准化技术委员会海洋观测及海洋能源开发利用分技术委员会

全国海洋标准化技术委员会海洋观测及海洋能源开发利用分技术委员会（TC283/SC2）自 2011 年 12 月成立以来，负责全国海洋观测及海洋能源开发利用领域标准化技术工作，秘书处跟踪国际海洋能标准，出版了多期《国际标准化信息》期刊（图 3.1），参与了 IEC/TC 114 的海洋能标准制定工作，积极开展我国海洋能标准体系的研究以

及海洋能国家标准与行业标准制修订等工作，发挥标准的技术规范和支撑作用，推动海洋能开发利用行业健康快速发展。

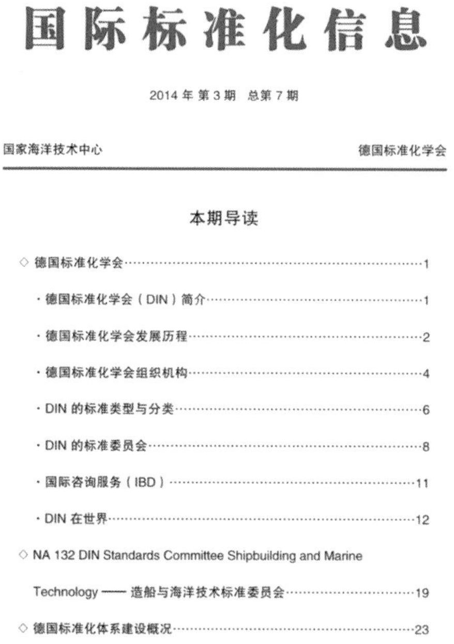

国际标准化信息

2014 年 第 3 期 总第 7 期

国家海洋技术中心 德国标准化学会

本期导读

◇ 德国标准化学会……1

· 德国标准化学会（DIN）简介……1

· 德国标准化学会发展历程……2

· 德国标准化学会组织机构……4

· DIN 的标准类型与分类……6

· DIN 的标准委员会……8

· 国际咨询服务（IBD）……11

· DIN 在世界……12

◇ NA 132 DIN Standards Committee Shipbuilding and Marine Technology —— 造船与海洋技术标准委员会……19

◇ 德国标准化体系建设概况……23

图 3.1 《国际标准化信息》期刊

2014 年 8 月，分委会代表参加了在天津举办的全国海洋标准化技术委员会分委会秘书处工作人员培训研讨会，与全国海洋标准化技术委员会各分委会代表共同就新时期海洋标准化发展形势和现实需求开展研讨。

二、全国海洋能转换设备标准化技术委员会成立

2014 年 8 月 7 日，全国海洋能转换设备标准化技术委员会（SAC/TC 546）（下称“海洋能标委会”）成立大会在黑龙江省哈尔滨大电机研究所召开，来自全国海洋能转换行业的科研、设计、制造、安装、测试和运行等 24 个单位的 29 名代表参加了会议（图 3.2），由大电机研究所作为海洋能转换设备标委会秘书处承担单位。

海洋能标委会主要负责海洋能转换设备（包括波浪能、潮流能和其他水流能转换电能，不包括有坝潮汐发电）领域国家标准制修订工作。国家能源局负责其日常管理及标准立项、报批等业务的指导。海

洋能标委会对口国际电工委员会海洋能源——波浪、潮流和其他水电流转换器技术委员会（IEC/TC 114）。

图 3.2　海洋能标委会成立大会

海洋能标委会成立以来，积极参与国际标准的制定，充分利用在国际标准制定中的话语权，使国际标准充分体现我国的要求和意见，逐步实现国内标准与 IEC 标准一体化。

目前，由国家海洋技术中心申报的《波浪能、潮流能和其他水流能转换装置术语》（idt IEC/TS 62600 - 1 Marine energy - Wave, tidal and other water current converters - Part 1: Terminology）已完成国家标准的立项。

三、海洋能标准制定进展

在 2013 年海洋能专项资金支持下，国家海洋技术中心联合哈尔滨工程大学、中国海洋大学、哈尔滨电机厂有限责任公司等 6 家单位，开展了“海洋能综合支撑服务平台建设”研究。截至 2015 年 5 月，开展了波浪能与潮流能定型流程及管理体系研究，制订了波浪能、潮流能发电装置定型管理程序（图 3.3）。

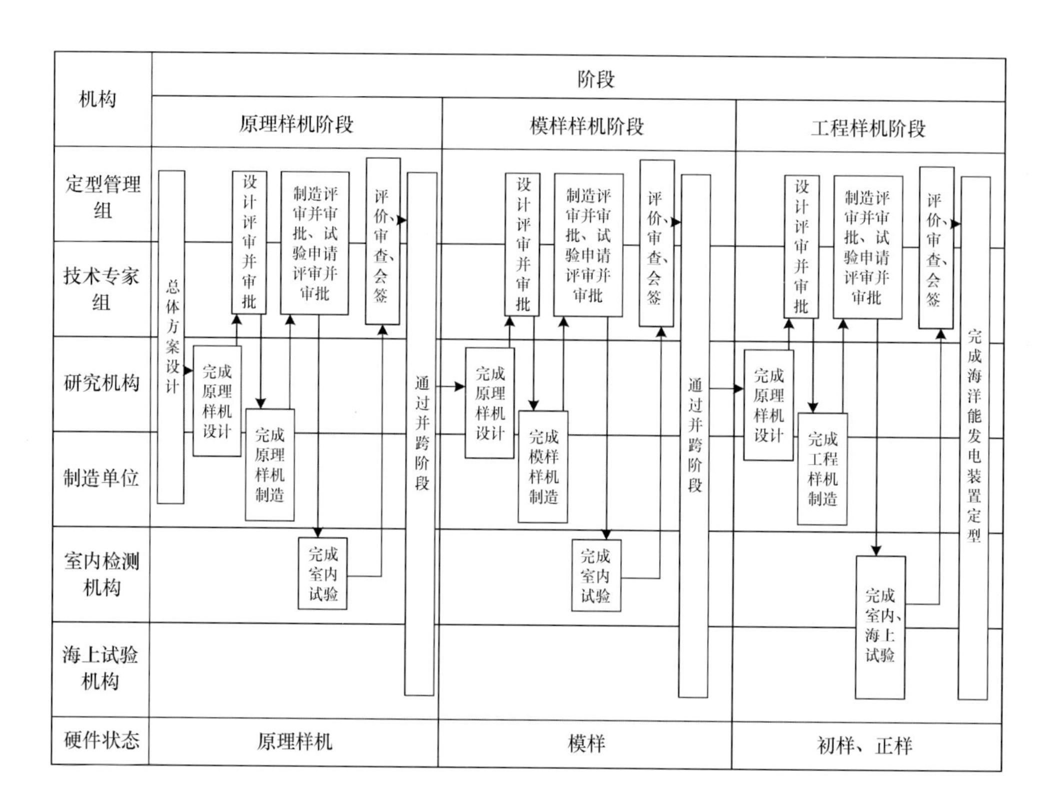

图 3.3　波浪能、潮流能发电装置定型管理程序

第二节　海洋能测试场建设

根据《海洋可再生能源发展纲要（2013—2016 年）》提出的“到 2016 年，分别建成具有公共试验测试泊位的波浪能、潮流能示范电站以及国家级海上试验场，为我国海洋能的产业化发展奠定坚实的技术基础和支撑保障”的总体发展目标，海洋能专项资金统筹安排了我国海洋能海上试验场建设发展规划，采取“总体设计、分步实施”的策略，分别在山东威海地区建设国家浅海海上综合试验场，在浙江舟山地区建设国家潮流能海上试验场，在广东珠海地区建设国家波浪能海上试验场。

目前，在地方政府的支持下，我国已逐步形成了山东威海地区、浙江舟山地区、广东万山地区三个海洋能试验场及示范基地。

一、山东威海国家浅海海上综合试验场

国家浅海海上综合试验场，主要针对波浪能、潮流能发电装置小比例样机开展实海况试验、测试和评价，是我国自主海洋能发电装置和海洋仪器设备研发定型、海洋科学研究的重要平台。国家浅海海上综合试验场在规划、设计过程中，存在着用海难、用地难、项目落地难等诸多问题。经过多次选址论证并与威海市政府就用海用地问题多轮磋商，最终达成协议，使我国首个国家级浅海海上试验场项目落地。

2014 年 11 月 6 日，国家浅海海上综合试验场合作框架协议签字仪式在威海举行，国家海洋技术中心、威海市人民政府、哈尔滨工业大学（威海）三方共同签署了《共建国家浅海海上综合试验场合作框架协议》（图 3.4），这标志着我国首个国家级海上试验场正式落地。

图 3.4　浅海试验场共建协议签字仪式

根据协议，国家海洋技术中心主要负责试验场总体功能设计，分试验平台、观测系统、输配电系统、数据集成与管理系统、数据应用与服务系统、综合测试与评价系统、监控系统、保障系统等模块建设浅海试验场（图 3.5），试验场区水深 50～70 米，有效波高 1 米，最大流速 1.2 米/秒。威海市政府将为试验场建设无偿划拨土地和岛陆 2.73 公顷，确权公益性用海 500 公顷，控制使用 700 公顷，免缴海域使用金 40 年；同时，在地方立项审批、城市建设基础设施配套、工商审批、税收、人才引进和行政事业性收费等方面提供便利条件和优惠政策。哈尔滨工业大学（威海）在试验场建设期间，也将积极提供技

术和人才支持，统筹安排相关学院的专业技术人员、研究生参与试验场的研建工作。

图 3.5　浅海试验场海洋能测试区

二、浙江舟山潮流能试验场及示范基地

在 2013 年海洋能专项资金支持下，三峡集团联合华东勘测设计研究院、国家海洋技术中心、水资源高效利用与工程安全国家工程研究中心、上海勘测设计研究院以及国家海洋局第二海洋研究所等单位开展了“浙江舟山潮流能示范工程总体设计”。

浙江舟山潮流能示范工程总体设计包括示范区和测试区的总体设计。通过专项资金支持，完成舟山潮流能示范工程选址和总体设计工作，包括示范泊位的结构、基础处理、施工方案及电力传输系统初步设计等，完成电站立项及用海用地预审批，基本具备开工条件。依托示范工程，完成舟山潮流能公共测试场区的选址及建设的总体工程设计。

舟山潮流能示范区方面，目前已完成了示范工程的场址比选工作，经与舟山市、普陀区两级政府相关部门沟通对接之后，确定了项目场址，并于 2014 年 8 月取得舟山市普陀区发改局批复的关于开展本示范项目相关前期工作的“小路条”。此外，还开展了工程海域夏冬两季的全潮水文泥沙测验、春秋两季的海洋环境调查、岸基集控中心选址、1∶2 000 水下地形测量、潮流能资源数模分析、国内外潮流能技术装备调研等方面工作。2015 年 4 月 2 日，国家海洋局科技司在听取三峡公司的场址选择汇报后，最终明确场址选在普陀山岛和葫芦岛之间海域(图 3. 6)，场区水深 20 ~ 60 米，潮流能年均能流密度为 1. 5 千瓦/米^2，建设 3 个各具备 1 兆瓦测试能力的泊位。

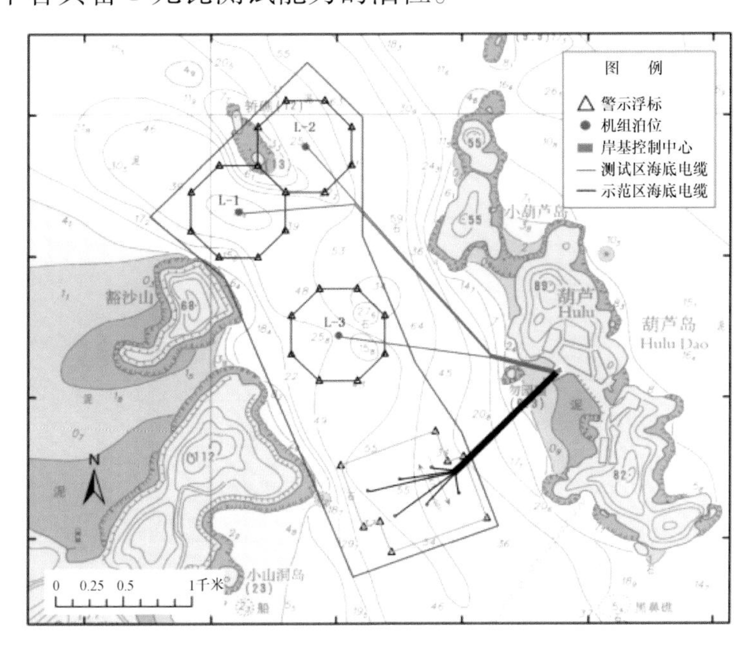

图 3. 6　普陀山岛与葫芦岛之间海域场址图

舟山潮流能测试区方面，目前已完成测试区的总体设计，包括环境监测系统、电气输出测试系统、数据集成与管理系统、测试区技术体系设计；此外，还完成了测试区的气象站建设，正在进行连续观测。

三、广东万山波浪能试验场及示范基地

在 2013 年海洋能专项资金支持下，由南方电网综合能源有限公司联合广州能源研究所、国家海洋技术中心、华南理工大学等单位开展了“大万山岛波浪能示范工程总体设计”，将建设 600 千瓦波浪能示范区和 300 千瓦测试区。其中，3 个测试泊位预备有锚泊系统、交/直流电力接口、工作电源和通信光纤，能够满足多种类型的波浪能装置进行测试。

目前，由国家海洋技术中心承担的波浪能测试区总体设计任务已

经完成（图3.7），包括波浪能测试泊位布局设计需求、测试区监测系统设计、电气输出测试系统设计、数据集成与管理系统设计和测试区技术体系设计等内容，场区水深约30米，年均波能密度4千瓦/米，将建设3个各具备100千瓦测试能力的泊位。波浪能测试区泊位布局设计以集约用海且保证泊位间无相互干扰为设计目标，分别开展泊位运行的水动力数值模拟和海上作业面积优化，综合分析测试泊位的最小用海面积和空间布局；电气输出测试系统设计主要确定了6项测试内容，给出了测试系统的一次系统设计和二次系统配置，并初选了各项测试所需的仪器设备；通过开展海洋环境监测系统设计，实现对整个测试区的水文、气象等环境要素的长期监测，以获取场区环境的长期变化规律。相关工作为大万山岛波浪能示范工程建设的工可研、初步设计及后期建设提供了重要参考。

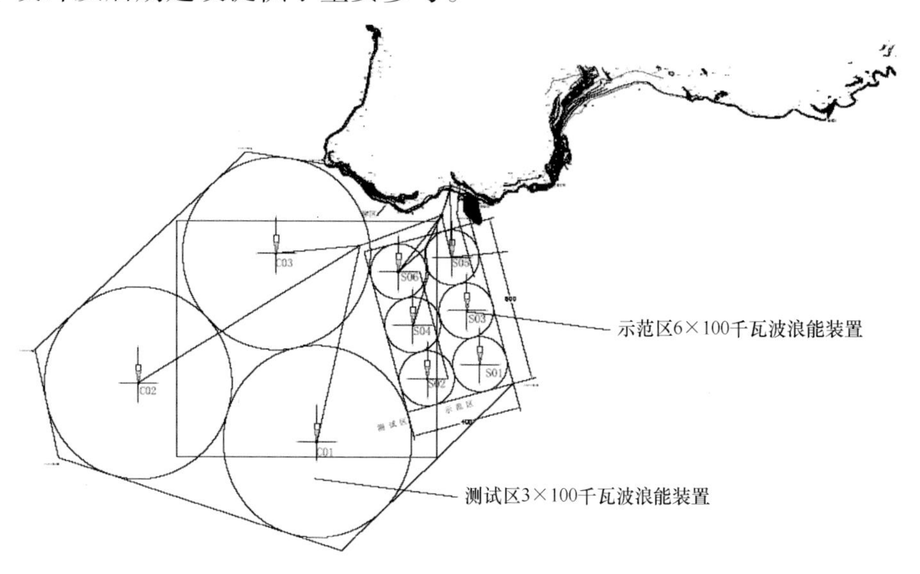

图3.7　大万山岛波浪能示范工程泊位布局示意图

第四章　国际合作

全球海洋能资源非常丰富，根据联合国政府间气候变化专门委员会（Intergovernmental Panel on Climate Change，IPCC）的研究（2011 年 5 月），全球海洋能资源潜在量理论上每年可发电高达 20 000 000 亿千瓦时，约为 2008 年全球电力供应量的 100 多倍。当然，目前国际海洋能技术尚未完全进入商业化应用阶段，在 2020 年以前，海洋能开发在减少碳排放领域还很难发挥较大作用。为推动全球海洋能技术发展，国际能源署、国际电工委员会等国际组织先后设立了海洋能分支机构，我国相关部门积极与这些组织进行沟通，相继加入相关国际组织，并开展了高效的国际合作，推动了我国海洋能技术与标准等工作的国际交流。

第一节　国际能源署海洋能系统实施协议

2001 年，为了更好地促进海洋能的研究、开发与利用，引导海洋能技术向可持续、高效、可靠、低成本及环境友好的商业化应用方向发展，国际能源署（International Energy Agency，IEA）成立了海洋能系统实施协议（Ocean Energy System - Implementation Agreement，OES - IA），并开展了“海洋能系统信息回顾、交流与宣传”“海洋能系统测试与评估经验”“海洋能电站并网”“波浪能、潮流能系统环境影响评价与监测”“海洋能装置计划信息与经验的交流与评估”5 个工作组计划。

一、IEA OES - IA 进展

2014 年 9 月 2 日，新加坡加入 OES，缔约机构是南洋理工大学；

2014年9月10日，荷兰加入OES，缔约机构是荷兰企业局。截至2014年底，OES共有23个成员国（图4.1），澳大利亚因原缔约机构——联邦科学与工业研究组织（CSIRO）退出而暂时没有缔约机构。

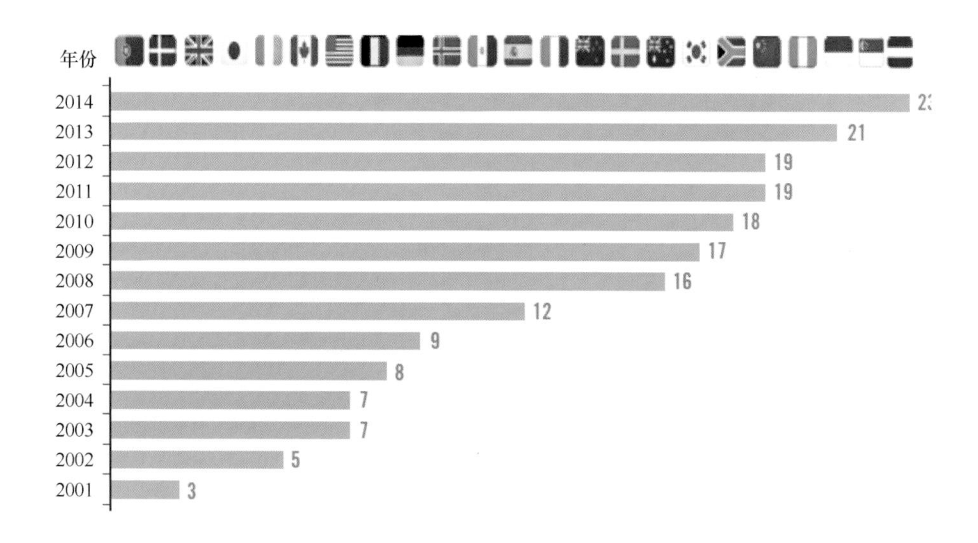

图4.1　OES成员国统计（2014年年底）

目前，欧洲委员会、印度、法国、印度尼西亚、哥斯达黎加、秘鲁等国家和组织都申请加入OES，使该组织的国际影响力逐步提升（图4.2）。

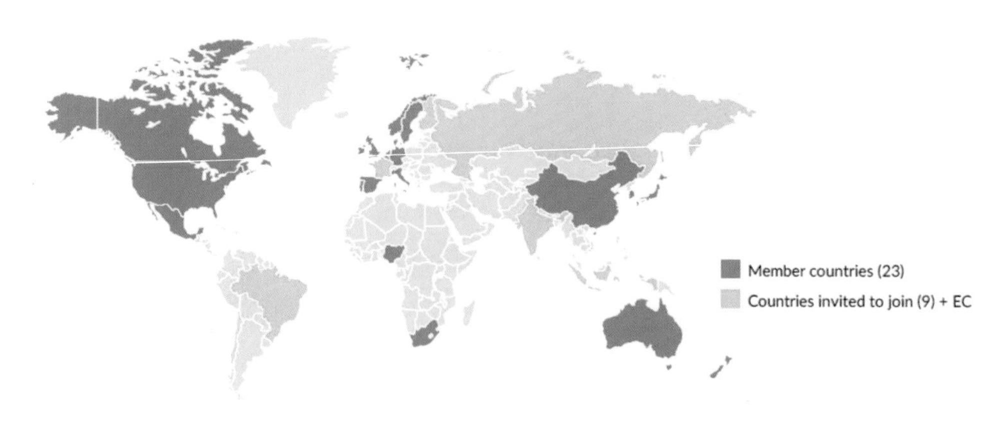

图4.2　OES成员国全球分布图
（蓝色为成员国，黄色为申请加入国）

根据 2012 年 10 月 OES 发布的“国际海洋能展望”，到 2050 年，全球海洋能装机容量有望达到 3.37 亿千瓦，创造 120 万个直接就业岗位，并可减少约 10 亿吨二氧化碳排放。针对全球海洋能开发利用当前面临的挑战和存在的问题，OES 给出了解决方案和建议。尽管各国由于海洋能资源状况及海域使用状况的不同，所面临的海洋能开发挑战有很大差别，但是有一些解决方案和建议可以提供一定帮助。表 4.1 列出了海洋能开发面临的挑战及建议。

表 4.1　海洋能开发面临的挑战和解决方案

面临的挑战	解决方案及建议
政策环境	(1) 制定一个综合的、明确包含海洋能条例的政策框架；(2) 制定国际海洋能标准；(3) 海洋能海域使用审批过程制度化改革和设计
工业开发	(1) 完善海洋能产业链；(2) 海洋能基础设施开发；(3) 从业者技术和职业培训
市场开发	(1) 制定适当的价格支持体系，为投资者提供清晰的市场信号；(2) 适当的电力市场投入和并网
技术开发	(1) 装置样机生存性要高，以抵御恶劣的海洋环境；(2) 开展装备示范和测试；(3) 技术创新，促进成本下降和性能提高
环境影响	(1) 充分认识海洋环境基线；(2) 开展基于共享环境数据的战略性环境研究；(3) 考虑装置布放和监测方案；(4) 对受影响的海洋生物进行详细观测与研究
技术框架	(1) 通过海洋空间计划引导海洋空间和资源分配

为履行 OES 成员国“海洋能系统信息回顾、交流与宣传”职责，作为 OES 中国缔约机构，国家海洋技术中心每年按季度出版《海洋可再生能源开发利用国内外动态简报》，并定期寄送给国内海洋能从业单位及专家；2015 年 3 月，《OES 成员国 2014 年年度报告》正式出版（图 4.3）。

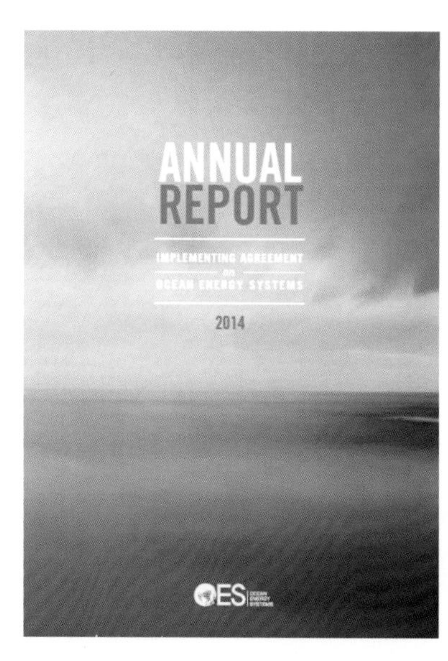

图4.3 OES年报（2014）及海洋能动态简报（季刊）

二、IEA OES－IA 执委会会议

为更好地加强成员国之间的海洋能国际合作、促进信息交流，OES每年召开两次执委会会议，并十分重视与其他海洋能国际组织和相关的海洋能重大国际活动的沟通与合作。

（一）IEA OES－IA 第26次执委会会议

2014年5月13—14日，IEA OES－IA第26次执委会会议在位于法国巴黎的国际能源署总部召开，共有29名代表参会（图4.4）。会议介绍了前期各工作组取得的进展并对新的行动计划进行部署，介绍了与国际可再生能源署（International Renewable Energy Agency，IRENA）、可再生能源技术布放实施协议（Renewable Energy Technology Deployment－Implementation Agreement，RETD－IA）、国际海洋能大会（International Conference on Ocean Energy，ICOE）等国际组织的合作，讨论了与IEA合作开展“海洋能技术路线图”制定、全球专家知识库建设、温差能资源评估、海洋能许可程序等问题，会议最后表决通过了英国与韩国代表当选执委会副主席等事项。

5月15日，经济合作与发展组织（Organization for Economic Cooperation and Development，OECD）与 OES 在 IEA 总部联合召开了“蓝色经济研讨会”，以“海洋经济的未来：探讨海洋可再生能源至 2030 年的发展前景”为主题，分为技术创新进展及面临的挑战、各大洲离岸可再生能源 2030 年展望、经济驱动与海洋空间规划三部分进行，对 2030 年的海洋经济进行了前瞻性评估，尤其是关注包括海洋能在内的新兴海洋产业的发展潜力。

图 4.4　OES 第 26 次执委会

（二）IEA OES－IA 第 27 次执委会会议

2014 年 11 月 10—11 日，IEA OES－IA 第 27 次执委会会议在加拿大哈利法克斯市召开，本次会议由加拿大自然资源部承办，共有 23 名代表参会（图 4.5）。此次会议继续聚焦全球海洋能热点问题，介绍了前期各工作组进展并对新的行动计划进行了部署讨论，还审议了邀请欧盟、印度尼西亚、哥斯达黎加、法国、印度 5 个国家和组织加入 OES 等事宜。会议还就计划成立的温差能资源评估、海洋能装置性能评估计算软件等工作组进行了讨论，并强调了加强与国际可再生能源署（IRENA）、经济合作与发展组织（OECD）、国际海上可再生能源网络（INORE）等其他国际组织的协调。最后，选举西班牙代表、现任主席 Jose Luis Villate 连任执委会主席（为期两年）。

图 4.5　OES 第 27 次执委会

11 月 1 日，在加拿大哈利法克斯 Acadia 大学，还举行了由 OES 第四工作组召开的主题为“海洋能开发的海洋环境监测、政府管理需求和科学作用”的专题研讨会。此次会议共有来自美国、加拿大、英国、中国的 25 位代表参加，提交了各国海洋能开发案例及其环境影响报告，并分为“海洋能设施产生的噪声对海洋生物的影响”“鱼类和大型海洋动物与海洋能设施的碰撞风险”“海洋能开发后因能量减弱而造成的物理环境变化”三个研究内容展开交流。

第二节　国际可再生能源署（IRENA）

2009 年，以“促进所有形式的可再生能源（生物质能、地热能、水电、海洋可再生能源、太阳能和风能）的推广、普及和可持续利用”为目标，在德国波恩成立了国际可再生能源署（IRENA）这一政府间组织，总部设在阿联酋。IRENA 成员国中，有些成员是石油生产国，有些则完全依赖化石燃料进口满足能源需求，另一些国家拥有数十年可再生能源发电的经验和技术，多样化的成员国结构可以提供丰富的经验、资源和专业知识。

2012 年开始，IRENA 和 IEA 开始联合建设全球可再生能源政策和措施数据库，目前，该数据库已收录了70多个国家的1 100多项可再生能源政策相关数据，后续将扩展到100多个国家。

我国于2014年1月正式加入IRENA，缔约机构为国家能源局。截至2015年8月底，IRENA已有143个成员国，此外还有30多个国家正申请加入该组织（图4.6）。

图4.6　IRENA成员国分布
（深蓝色为成员国，浅蓝色为申请加入国）

第三节　国际电工委员会（IEC）

国际电工委员会（International Electrotechnical Commission，IEC）成立于1906年，其下属的海洋能——波浪能、潮流能和其他水流能转换设备技术委员会（IEC TC 114）成立于2007年。

IEC TC 114负责为海洋能量转换系统制定国际标准，标准化的范围重点集中在将波浪能、潮流能和其他水流能转换成电能，也包括其他的转换方法、系统和产品。IEC TC 114制定的标准范围包括：系统定义，波浪能、潮流能和其他水流能能量转换设备的性能测试，资源评估需求、设计和潜在能力，安全要求，电能质量，制造业和工厂测试，评估和降低环境影响的方法。

一、IEC TC 114 合作进展

IEC TC 114 现有成员国 14 个，观察国 8 个，中国是 14 个成员国之一，国内技术对口单位是哈尔滨大电机研究所。

2015 年 4 月，IEC TC 114 年度会议在爱尔兰召开，会议期间，成员国专家相互交流了本国在波浪能、潮流能和其他水流能转换装备的标准化工作的最新发展情况，各个工作组也就其各自负责的 IEC/TC 114 标准进行了报告，并对新工作项目的提议进行了讨论。各国专家对 IEC/TC 114 的战略商业规划（SBP）的改变范围进行了研讨，并更新了相关工作计划。

二、IEC TC 114 标准工作进展

（一）已发布的国际标准

IEC TC 114 目前已发布的国际标准有 5 项，分别是“术语”“波浪能发电装置发电性能评估”“潮流能发电装置发电性能评估”“海洋能转换装置锚泊系统评价”“潮流能资源的评估和界定”。其中，最近一年新发布的标准 2 项（见表 4.2）。

表 4.2　IEC TC 114 已发布的标准

序号	标准号	版本	标准名称	发布时间
1	IEC/TS 62600 - 1	Ed. 1.0	Marine energy - Wave, tidal and other water current converters - Part1: Terminology 海洋能——波浪能、潮流能和其他水流能转换设备　第 1 部分：术语	2011 年 12 月
2	IEC/TS 62600 - 100	Ed. 1.0	Marine energy - Wave, tidal and other water current converters - Part 100: Electricity producing wave energy converters - Power performance assessment 海洋能——波浪能、潮流能和其他水流能转换设备　第 100 部分：波浪能转换设备的发电性能评价技术规范	2012 年 8 月

续表

序号	标准号	版本	标准名称	发布时间
3	IEC/TS 62600 - 200	Ed. 1. 0	Marine energy - Wave, tidal and other water current converters - Part 200: Power performance assessment of electricity producing tidal energy converters 海洋能——波浪能、潮流能和其他水流能转换设备 第200部分：潮流能转换设备的发电性能评价技术规范	2012年10月
4	IEC TS 62600 - 10: 2015	Ed. 1. 0	Marine energy - Wave, tidal and other water current converters - Part 10: Assessment of mooring system for marine energy converters (MECs) 海洋能——波浪能、潮流能和其他水流能转换设备 第10部分：海洋能转换装置锚泊系统评价技术规范	2015年3月
5	IEC TS 62600 - 201: 2015	Ed. 1. 0	Marine energy - Wave, tidal and other water current converters - Part 201: Tidal energy resource assessment and characterization 海洋能——波浪能、潮流能和其他水流能转换设备 第201部分：潮流能资源的评估和界定技术规范	2015年4月

（二）正在起草的国际标准

2014年新增的正在制定的标准有4项，分别是“海洋能转换装置的声学特性技术规范”“潮流能转换系统比例测试规范”“河流能转换装置产生的电能——性能评估规范”“河流能资源评估和界定规范”（见表4.3）。

表 4.3　IEC TC 114 正在起草的标准（2014 年新增）

序号	标准号	标准名称
1	IEC TS 62600 - 40	Marine energy - Wave, tidal and other water current converters - Part 40: Acoustic characterization of marine energy converters 海洋能——波浪能、潮流能和其他水流能转换设备　第 40 部分：海洋能装换装置的声学特性技术规范
2	IEC TS 62600 - 202	Marine energy - Wave, tidal and other water current converters - Part 202: Scale testing of tidal stream energy systems 海洋能——波浪能、潮流能和其他水流能转换设备　第 202 部分：潮流能转换系统比例测试规范
3	IEC TS 62600 - 300	Marine energy - Wave, tidal and other water current converters - Part 300: Electricity producing river energy converters - Power performance assessment 海洋能——波浪能、潮流能和其他水流能转换设备　第 300 部分：河流能转换装置产生的电能——性能评估规范
4	IEC TS 62600 - 301	Marine energy - Wave, tidal and other water current converters - Part 301: River energy resource assessment and characterization 海洋能——波浪能、潮流能和其他水流能转换设备　第 301 部分：河流能资源评估和界定规范

第四节　海洋能双边合作

国际社会非常重视海洋能的发展，英国、美国、加拿大等国海洋能技术较为先进。在科技部、国家海洋局、国家能源局等相关部委的大力支持下，我国海洋能相关科研院所和企业与英国、西班牙、加拿大、新加坡等海洋能技术水平较为先进的国家的相关机构初步建立了双边合作关系，既为借鉴国际经验以提升我国海洋能技术水平提供平台，又为我国海洋能技术走向国际奠定了基础。

一、与英国海洋能合作

自2006年以来，中英两国在能源领域开展了一系列的政府间合作与交流，“中英能源对话”框架机制日趋完善。

(一) 欧洲海洋能源中心（EMEC）

欧洲海洋能源中心（European Marine Energy Center，EMEC）成立于2003年，位于英国苏格兰北部的Orkney群岛，是国际知名的权威性海洋能发电装置测试及认证中心。我国已有包括国家海洋技术中心、中国海洋大学等在内的多家单位与其开展了多种形式的合作。

国家海洋技术中心与EMEC的合作领域主要包括：中国波浪能与潮流能海上试验场的建设、海洋能发电装置的实海况测试与性能评估、极端海洋环境条件下的发电装置可靠性与生存性评估以及大规模海洋能开发项目的环境影响评估等方面。双方采取合作研发、信息与技术交流和人员交流等合作方式，推进在“海洋能发电装置试验场和相关设施建设”领域的合作。

在科技部国际科技合作项目支持下，中国海洋大学、EMEC与青岛市科技局共同签署了合作谅解备忘录，中国海洋大学与EMEC共同研发了海洋能多能互补智能供电系统工程样机，具备EMEC认可的装置测试功能。

(二) 英国工程与自然研究理事会（EPSRC）

2013年，英国工程与自然研究理事会（Engineering and Physical Sciences Research Council，EPSRC）与科技部在北京召开了联合研讨会，提出了4个共性关键技术问题作为中英合作的焦点。2014年8月，EPSRC在香港组织召开了中英海洋能合作基金项目研讨会，确定启动13项短期联合研究项目，会后由EPSRC负责管理的牛顿基金（Newton Fund）为13个合作项目提供了资助。

在EPSRC和牛顿基金的支持下，国家海洋技术中心、中国海洋大学、大连理工大学等国内海洋能科研机构与英国爱丁堡大学、牛津大学、普利茅斯大学、埃克塞特大学等11所著名高校共同开展了合作研究，研究领域涉及波浪能、潮流能利用装置的水动力建模、物理模型试验、阵列化效应分析、结构可靠性及系统安全性等多个方面。这项合作工作的开展，显著增强了中英海洋能领域的合作与交流，对我国海洋能的基础研究工作起到了重要的促进和支撑作用。

2015年初，在合作项目的支持下中英双方在大连举行了首次研讨会，交流合作基金项目进展并探讨双方后续合作的方向（图4.7）。在双方的共同努力下，中国科技部与EPSRC共同签署了《中英海洋能发展联合研究计划2015》，海洋能领域成为纳入双边政府间合作协议的合作任务。

图4.7　中英海洋能研讨会（大连）

（三）海上可再生能源研究中心（CORER）

在科技部的支持下，中国海洋大学与英国国家海洋中心、南安普顿大学、利物浦大学等成立了海上可再生能源研究中心（Center for Offshore Renewable Energy Research，CORER），不定期开展学术活动。2015年5月，双方在青岛召开了海洋能领域学术研讨会。

（四）其他合作

2015年3月，在国家能源局和英国驻华使馆的支持下，为促进中英两国海洋能技术交流与合作，加快推动我国海洋能产业发展，国家发改委能源研究所国家可再生能源中心、华东勘测设计研究院有限公司、英国 IT Power 公司等在浙江舟山召开了“中英海洋能政策、技术和商业化潜力研讨会”（图 4.8）。会议期间，浙江金鹰集团和英国 IT Power 公司决定成立合资公司，从事新型潮流能技术设计以及潮流能发电装备制造。

图 4.8　中英海洋能商业开发潜力研讨会

此外，中国节能环保集团公司与 Atlantis 资源有限公司合作引入其兆瓦级潮流能装置建设潮流能并网示范工程，目前其主要部件已运抵国内。东方电气集团东方电机有限公司正与位于英国的全球最大的潮流能发电场建设项目——MeyGen 计划（总装机 398 兆瓦）建设方开展相关合作。

二、与西班牙海洋能合作

西班牙 TECNALIA 公司自 2007 年起与巴斯克（Basque）地方政府合作共建 BIMEP 海洋能试验场，该试验场具有 4 个测试泊位，每个泊位的测试能力为 5 兆瓦，目前 BIMEP 试验场已完成了水下电缆铺设、场区警示浮标和测波浮标的布放，初步形成了独立的运行管理机制。

2014 年，国家海洋技术中心与西班牙 TECNALIA 研究与创新基金签署了合作备忘录，双方同意在海洋能海上试验场建设、海洋能装置测试评估服务等方面开展合作。

2014 年 11 月，国家海洋技术中心在天津组织召开了海洋能试验场研讨会，邀请了西班牙 TECNALIA 公司的海洋能专家就海洋能试验场建设及运行开展了交流。同时，会议还邀请哈尔滨工程大学、河海大学、大连理工大学、中国海洋大学、中海油研究总院、中国长江三峡集团公司、东方电机厂等国内 13 家海洋能研发单位共 28 位代表参会。会议以专题报告和自由讨论的形式，对海洋能试验场设计、建设以及运行管理中的关键问题进行研讨，促进了我国与国际海洋能相关单位的深入交流。

三、与加拿大海洋能合作

加拿大具有世界上最长的海岸线，长达 243 000 千米，其海洋能资源丰富，尤其是潮流能资源。加拿大芬迪湾具有世界上最大的潮差和非常丰富的潮流能资源。加拿大海洋能技术研发与应用起步早、技术先进，1984 年建成的安纳波利斯（Annapolis）潮汐电站，装机容量达 20 兆瓦。根据加拿大海洋可再生能源组织（Ocean Renewable Energy Group，OREG）公布的《加拿大海洋可再生能源技术路线图》，到 2030 年，加拿大海洋可再生能源的装机容量目标将达 200 万千瓦。

2014 年 10 月 31 日，加拿大 FORCE 海洋能试验场完成了 4 个潮流能泊位（共 64 兆瓦）的电缆敷设，并与 OpenHydro、亚特兰蒂斯、DP 能源等 5 家国际海洋能公司完成泊位签约，并自 2015 年春季开始开展潮流能装置的海试。

2014 年 11 月，应新斯科舍省政府的邀请，国家海洋技术中心代表与新斯科舍省能源部副部长进行了会谈（图 4.9），双方达成在海洋能技术和海洋能试验场等领域开展合作的意向。

图 4.9　国家海洋技术中心与新斯科舍省能源部会谈

四、与新加坡海洋能合作

2013 年，国家海洋技术中心和新加坡南洋理工大学签署了《国家海洋技术中心与新加坡南洋理工大学合作备忘录》。2014 年 10 月，国家海洋技术中心派团与南洋理工大学新能源研究院就海洋可再生能源技术开展合作交流。双方在潮流能装置叶片设计方法、阵列式布局及其环境影响评价方面进行了讨论，并初步达成在海洋能发电装置实验室试验与测试领域开展进一步合作的意向，双方将在装置叶片设计与优化方面进行合作研究，南洋理工大学负责数值模型建立与优化方法研究，国家海洋技术中心负责物理模型试验的开展与数值模型的验证工作。

第五章　重大海洋能活动

随着国际海洋能技术的日趋成熟，各种海洋能学术交流以及技术研讨等活动开始越来越多地涌现，有效促进了国际海洋能技术的发展。

第一节　国内海洋能重大活动

自2012年以来，每年组织召开中国海洋可再生能源发展年会，上海国际海洋技术与工程设备展（OI China 2014）也设置了海洋能技术专区，这些定期开展的国内海洋能重大活动有效促进了国内海洋能的交流与发展。

一、中国海洋可再生能源发展年会

2014年5月28日，在中国海洋学会和中国海洋工程咨询协会的支持下，国家海洋技术中心和国家海洋局海洋可再生能源开发利用管理中心在哈尔滨工程大学主办了第三届中国海洋可再生能源发展年会（图5.1）。会议以“突破技术，打造装备，推进蓝色能源产业”为主题，共有来自政府部门、高等院校、科研院所、相关企业的350余名代表参会。

图5.1　第三届中国海洋可再生能源发展年会

中国海洋可再生能源发展年会已成为国内海洋能领域最具影响力的专业交流沟通平台，对促进我国海洋能的快速发展起到了很好的推进作用。第四届中国海洋可再生能源发展年会于2015年5月底在山东威海召开。

二、上海国际海洋技术与工程设备展

2014年9月3—5日，上海国际海洋技术与工程设备展（OI China 2014）在上海国际展览中心举办（图5.2）。此次展会得到了中国海洋学会、中国大洋矿产资源研究开发协会和国家海洋技术中心的支持，由励展博览集团与中国海洋学会海洋观测技术分会承办，继2013年OI China首次在中国举办以来，OI China 2014吸引了来自30多个国家和地区的设备供应商和潜在用户，通过展示国内外顶尖技术、装备，推动中国、亚洲乃至全球在海洋资源开发利用、海洋生态环境保护、海洋石油天然气勘探、海洋工程及海洋监测等领域的学术研究、信息交流和国际合作。

图5.2　OI China 2014展览现场

OI China 2014首次设置了海洋可再生能源技术专区，主要展示了海上风能、波浪能、潮流能开发与利用的相关技术和装备，遴选了国内3个海洋能工程示范项目、6个波浪能技术、1个温差能技术、5个潮流能技术、3个潮汐能技术以及国内海洋能政策、资金、标准规划、资源情况、海上试验场等支撑服务体系工作进行了集中展示。

第二节 国际海洋能重大活动

国际社会非常重视新兴海洋能领域的发展，尤其是欧美等发达海洋能国家，每年通过举办各种国际海洋能学术会议、海洋能技术研讨及产业展览等活动，有效推动了海洋能国际交流，极大提高了海洋能国际影响力。

一、国际海洋能大会（ICOE）

国际海洋能大会（International Conference on Ocean Energy，ICOE）每两年举办一次，是具有相当影响力的国际海洋能盛会。ICOE 聚焦海洋可再生能源产业发展，为从事海洋能产业的企业、科研院所和有关单位搭建合作平台，加速海洋能产业的发展。

2014 年 11 月 4—6 日，第五届 ICOE 在加拿大哈利法克斯市世贸会议中心举行，此次会议由加拿大海洋可再生能源协会（MRC）主办，IEA OES - IA、Emera 公司、Irving 公司、新斯科舍省等协办。共有来自加拿大、英国、法国、爱尔兰、美国、德国、澳大利亚、中国、日本、韩国、南非、智利等 25 个国家和地区的 700 多名代表参会，共开展了 130 多场报告以及 80 多篇学术论文的交流，其中中国有近 20 名代表参会。此外，会议还设立了由 OpenHydro 公司、MCT 公司、Pelamis 波浪能公司、欧洲海洋能源中心（EMEC）、FORCE、美国西北国家海洋能中心（NNMREC）、爱尔兰科克大学等 121 个国际知名海洋能机构参加的海洋能产业贸易展（图 5.3，图 5.4）。

图 5.3　ICOE 2014 会徽

图 5.4　ICOE 2014 大会展览

此次会议得到了加拿大政府的高度重视，负责加拿大大西洋工作局（ACOA）的国务部长罗布·莫尔（Rob Moore）和新斯科舍省能源部长安德鲁·杨格（Andrew Younger）出席大会并致辞，新斯科舍省还组织参会代表参观了 FORCE 和安纳波利斯潮汐电站（图 5.5），还专门设置了商务接洽区便于海洋能产业相关各方的对接。

图 5.5　参观芬迪湾海洋能试验场

ICOE 2014 围绕“波浪能技术研发、潮流能技术研发、市场驱动政策、政府主导战略、海洋能装置环境影响评价、运行维护、商业性发电项目投资、建站许可、海洋能产业前景、产业研发中心、能源成本分析、国际合作”等 30 个议题分 4 个会场同步进行。参会代表来自电力部门、装置研发机构、跨国公司、政府、大学、服务提供商等各行业。ICOE 2014 会后，加拿大潮汐能技术开发公司 Hylcyon，法国潮流能技术开发公司 Blue Shark 等企业通过直接来访和联系沟通等多种方式和我国海洋能研发机构建立了初步合作关系。

第六届国际海洋能大会将于 2016 年 2 月 23—25 日在英国爱丁堡举办。

二、欧洲波浪能和潮流能大会（EWTEC）

欧洲波浪能和潮流能大会（European Wave and Tidal Energy Conference，EWTEC）由欧洲技术执行委员会主办，主要关注海洋能技术及产业发展，主要面向海洋能研发人员、工程技术人员、海洋能产业相关人员等。首届 EWTEC 会议于 1993 年召开，是全球领先的学术交流活动，聚焦波浪能和潮流能能量转换的处理方法研讨，探讨在波浪和海流能量转换技术、研究、开发和示范中所涉及的问题。EWTEC 在全球海洋能，尤其是波浪能和潮流能教育和学术领域具有非常大的国际影响力。

图 5. 6　EWTEC 2015

EWTEC 每两年举办一次，2015 年 9 月 6—11 日，第十一届欧洲波浪能和潮流能大会（EWTEC 2015）在法国南特举办，由法国南特中央理工大学（École Centrale de Nantes）主办（图 5. 6）。EWTEC 2015 还特邀了大型工业集团、中小型企业、新办企业以及国际知名学术机构，为海洋能技术研发机构与产业开发部门搭建沟通纽带，加快促进海洋能技术市场化进程。EWTEC 2015 会议主题主要包括：波浪能资源，潮流能资源，波浪能装置研发及测试，潮流能装置研发及测试，波浪能水动力模拟和结构力学，潮流能水动力模拟和结构力学，并网、动力输出装置（PTO）及其控制，桩基保持（包括浮式基础）、材料、疲劳度、结构载荷，环境影响评估，经济、社会、政治及法律等方面。

三、亚洲波浪能和潮流能大会（AWTEC）

亚洲波浪能和潮流能大会（Asian Wave and Tidal Energy Conference，AWTEC），是在EWTEC组织框架下专门为亚洲地区打造的区域性国际技术和科学的会议，同样专注于波浪能和潮流能。目的是为了促进区域性国家间分享彼此在波浪能和潮流能领域中的经验和知识、环境保护策略、壁垒鉴别与解决，共同培育海洋可再生能源产业。首届AWTEC于2012年底在韩国举行，第二届AWTEC于2014年7月28日至8月1日在东京召开（图5.7），第三届AWTEC将于2016年由新加坡举办。

图5.7　AWTEC 2014

在第二届AWTEC中，来自28个国家的200多名代表，围绕波浪能和潮流能资源特性、海上风能和OTEC技术、装置研发及测试、装置水动力和结构力学、PTO及装置控制、装置及环境模拟、环境影响评价、政策及法律法规、社会经济影响、并网及系统、市场及融资、智能电网技术12个主题进行了150多篇报告交流。我国有9名代表参会。

四、国际海洋可再生能源大会（IMREC）

国际海洋可再生能源大会（International Marine Renewable Energy Conference，IMREC）由美国联邦资金资助，其前身是全球海洋可再生能源大会（Global Marine Renewable Energy Conference，GMREC）。首届

年会于2008年召开，2014年第七届GMREC在美国西雅图召开，之后更名为IMREC。IMREC聚焦于向海洋能研究人员、技术研发机构、决策层、非政府组织及产业代表提供关于全球海洋能融资方式、最佳管理实践及海洋能政策的交流平台。

2015年4月27—29日，IMREC 2015在美国华盛顿召开，第三届海洋能技术研讨会（Marine Energy Technology Symposium，METS）同期召开（图5.8）。会议向海洋能产业部门及技术研发人员全方位展示了融资方式，最佳管理实践，海洋能政策，环境监测，设计开发工具，测试基础设施，海上施工安全，技术发展趋势及市场，新技术研发，美国能源部波浪能装置奖竞赛等内容。

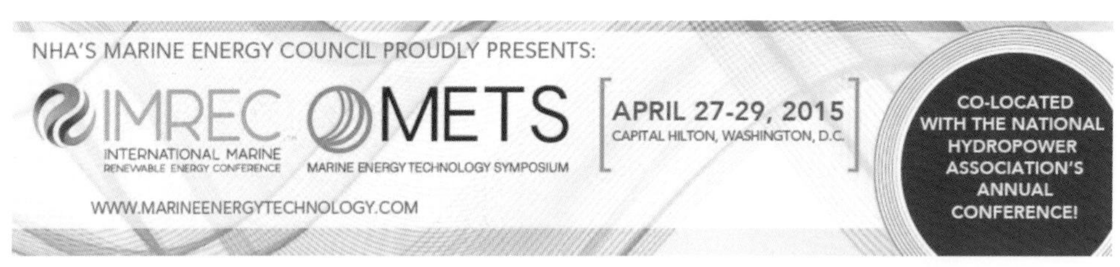

图5.8　IMREC 2015

附录　IRENA：海洋能——技术成熟度、专利、海试现状与展望

国际社会，尤其是国际可再生能源署（IRENA）成员国决策层对海洋能关注最多的是：资源的可用性，各种技术的现状及前景，装置海上生存性，发电成本及下降潜力，运维成本，需要什么样的政策和支持机制，需要什么样的财政支持方式，海试存在哪些障碍，合作机会大不大。针对这些问题，IRENA 在搜集分析公开出版文献、DNV GL 集团海洋能技术和项目数据库、国际专利权合作条约（PCT）海洋能技术信息等基础上，于 2014 年 8 月发布了《海洋能——技术成熟度、专利、海试现状与展望》研究报告。

目前国际海洋能技术仍处于研发及示范阶段，因此 2020 年以前在全球能源供给结构中只会占极小比例。全球海洋能资源总量巨大，开发利用海洋能具有保持能源独立、二氧化碳减排、创造就业岗位、与其他可再生能源互补利用等优势。

从技术角度看，海洋能技术种类多、原理及技术成熟度各异，主要挑战是降低成本、提高系统的可靠性和性能，潮流能和波浪能是发展重点，2020 年技术有望成熟，全球化趋势明显。

为开发利用丰富的海洋能资源，需要跨越技术、经济、环境、社会、基础设施等多方面障碍。报告建议：在技术层面，开展海洋能资源详查，继续支持装置研发，经验共享，分散风险，继续支持测试中心的建设；在经济性方面，提供资金支持，给予上网电价溢价支持，明确市场定位，制定技术发展路线图以加速成本和风险的持续降低；在环境方面，扩大基线数据调查，简化审批流程，实施海洋空间规划；在基础设施方面，对并网成本进行补偿、电网规划向海洋能倾斜，促进海洋能产业链的广泛参与。

第一节　简　介

海洋一直是人类文明和发展的重要组成部分，18 世纪以来，人类就尝试利用海洋能源进行发电，但直到最近十年海洋能技术才得以快速发展。全球海洋能资源总量巨大，根据 IEA OES 的研究，全球海洋能年发电潜力 200 000 亿～800 000 亿千瓦时，约为全球目前电力需求的 1～4 倍，IEA OES 预测到 2050 年，全球海洋能发电装机容量高达 3.37 亿千瓦。

与其他可再生能源一样，海洋能也是零碳排放的清洁能源，作为非外来能源，开发利用海洋能可以保持能源独立自主性，与依赖原料进口的碳密集型传统发电方式相比具有很大的优势；海洋能技术还有助于保持能源结构平衡性和多样化，海洋能发电可作为太阳能和风能等其他可再生能源发电的有效补充；新兴海洋能产业有助于创造“绿色就业”，尤其是在偏远的沿海地区；对于人口稠密的沿海国家来说，在陆上可再生能源开发资源减少的情况下，海洋能技术扩大了可选择范围，不必面对土地竞争性使用等问题。

要实现海洋能技术的巨大潜力，需要决策层、产业界和学术界齐心协力，应对海洋能技术商业化所面临的各种问题。报告的研究目的是总结当前国际海洋能市场现状和技术现状，为决策层梳理相关问题。为此，在随后章节中将依次论述相关关键问题的解决办法。

- 第二节——海洋能综述，主要回答了以下几个问题：不同海洋能资源类型、特点和转换机理？海洋能技术研发现状？海洋能市场前景及参与的主要企业情况？
- 第三节——海洋能技术分类及发展趋势，主要回答了以下几个问题：有哪些主要海洋能技术技术类型和专利？全球海洋能专利及其与技术相关性？主要的技术有哪些，主要研发机构有哪些？海洋能装置设计和创新发展趋势？
- 第四节——海洋能技术发展面临的障碍，主要回答了以下几个问题：海洋能技术发展面临哪些技术、经济、环境、社会、基础设施等方面的障碍？决策层需要怎么做？

• 第五节——结论和建议，主要回答了以下几个问题：海洋能技术及市场前景如何？决策层应该关注哪些领域？IRENA 应通过哪些工作计划来支持海洋能发展？

第二节　海洋能综述

一、资源和技术特点

海洋能（又称为海洋可再生能源）是海洋中所有可再生能源的总称，是利用海水动能、势能、化学能或热能的能源，包括波浪能、潮流能、洋流能、潮差能、温差能和盐差能等各种不同技术。海洋能开发利用技术就是将这些可再生能源资源转化为可用的能源形式（通常是电能）。

报告所指的海洋能并不包括在海洋中发现的其他可再生资源，例如，报告认为，由海洋生物质生产的生物燃料是生物能源的一种形式，而不是海洋能技术的结果。同样，海底热液应为一种地热能源，海上风力发电（固定式或漂浮式）是风能技术的具体应用；同时，海上漂浮式光伏技术也不包含在本报告所指的海洋能技术范围内。

（一）潮差能

太阳和月球对地球的引力与地球的自转相结合，导致了海平面的周期性变化，称之为潮汐。海水涨落运动会通过海盆共振以及海岸线地形变化予以放大，从而在特定地理区域产生较大的海平面高度变化。在全球大多数沿海地区，每天会发生两次高潮和低潮（称为“半日潮”），有些地方每天仅经历一次高潮和低潮（称为“全日潮”），其余地方的潮汐特点是半日潮和全日潮的混合（称为“混合潮”）。在某一确定区域，高潮和低潮之间的水位差称为潮差，随着太阳和月亮位置的变化，潮差每天也不一样。几个世纪以来，人们已经对潮汐进行了卓有成效的研究，可以提前数年做出准确预测。由于潮汐是由万有引力作用引起的，因此是一种可再生能源资源。

潮汐利用一般有两种方式。一种是利用高潮和低潮之间的海平面高度差所产生的势能，即潮差能。另一种是利用流体动力学方法，俘获潮汐水平流动时产生的动能，即潮流能。

潮差能技术是基于常规水力发电原理，需要自然或人工结构体（如水坝或天然屏障）拦截积蓄庞大体量的海水。在潮汐运动周期中，当蓄水区域以外的海水高度发生变化时，通过安装在结构体中的水轮机（低水头型）将水排入或排出蓄水区域。为此，通常在河口处建造一个潮汐围坝，在其后形成一个或多个蓄水库，或者是在远离河口处修建围坝（称之为“潮汐潟湖”）。

如附图 1 所示，有些区域具有非常好的潮差能资源。然而，对于一个具体的潮汐发电项目而言，除所处区域外的其他条件也必须得到满足（例如，建造潮汐坝所需要的合适河口或港湾）。

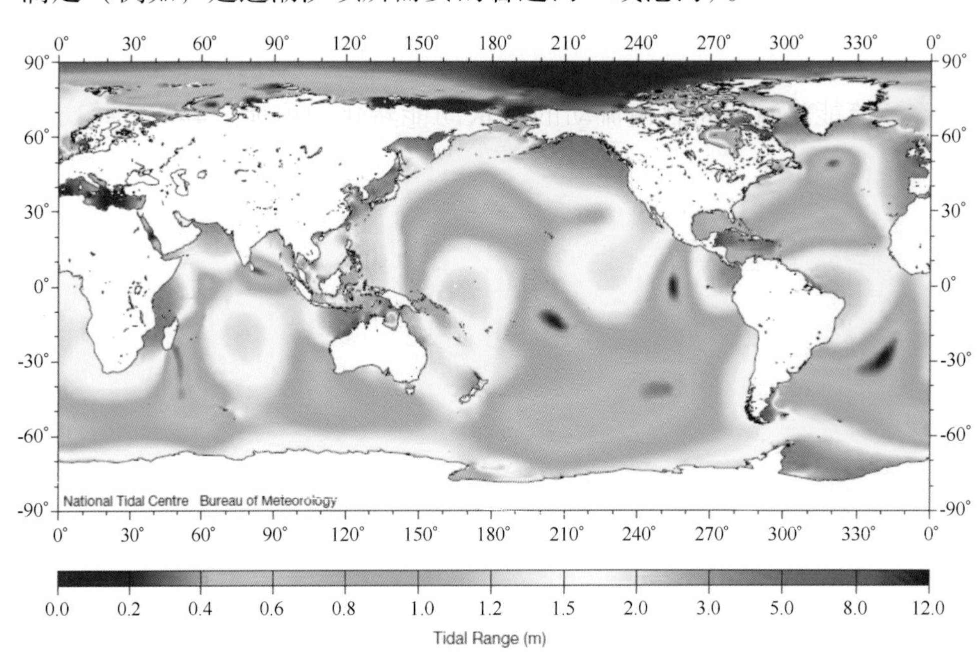

附图 1 全球潮差分布图（澳大利亚国家潮汐中心）

在本报告讨论的各种海洋能技术中，只有潮差能技术是一种成熟技术。世界上第一座大型潮汐电站是装机容量为 240 兆瓦的法国朗斯（Rance）电站，1966 年在法国布列塔尼（Brittany）建成运行，今天法国电力公司（EDF）仍在运营该电站。2011 年，装机容量为 254 兆瓦的韩国始华湖（Sihwa Lake）电站建成运行，成为全球最大的潮汐电站。这两座电站都采用传统的灯泡式水轮机组。目前，全球潮汐电站总装机容量约为 520 兆瓦。

潮汐电站建设除了需要大量的资本投入以外，还必须考虑到环境影响。这在一定程度上导致了在过去 20 年里全球只新建了一座潮汐电站，不过随着全球对可再生能源电力需求的与日俱增，潮汐电站可能会重新得到重视。而且，潮汐电站在发电的同时，还具有防洪、水质管理等其他功能，或者在现有蓄水建筑需要改造时可结合开展潮汐发电应用。

（二）潮流能

潮汐涨落时，伴随着海湾、港湾、河口内海水在水平方向的进入或退出，这种海水流动称为潮流。当潮差较大时，随着地形和海岸线的变化，潮流会非常强；在平潮期，基本没有潮流。

潮流能涡轮机将自由流动的海水动能转化为电能，其原理与风机将流动的空气（风）动能转化为电能的原理一样。潮流能技术在世界上得到了广泛支持和关注，是因其环境影响较低。由于能量转换采用相同的原理，因此大多数设计都是在风机基础上改进而来，以适应更高密度和不同特点的海水环境。尽管发电技术已发展到以三叶片和水平轴为主流，但与风电技术发展初期对各种不同设计进行试验相类似，目前潮流能技术也在试验多种设计方式，包括水平轴式、垂直轴式、导管式等。

目前，领先的潮流能技术研发商正处于在潮流能资源丰富的海域开展潮流能装置样机测试和示范的阶段，预计潮流能发电装置阵列化应用将是潮流能发电场商业化运行的主要方式。对于在该领域中处于领先地位的研发商而言，下一阶段就是开展小型阵列式发电技术验证。当通过提升知识、运营经验和规模经济性等使发电成本下降，并验证技术的可靠性之后，将会获得商业融资以开展潮流能发电场建设。随着越来越多的原始设备制造商（OEM）进入潮流能领域，如阿尔斯通水电公司、安德里茨水电（Andritz Hydro）公司、法国国家船舶制造公司（DCNS）、现代重工、川崎重工、洛克希德马丁公司、西门子、福伊特水电等，小型阵列式潮流能发电场的建成将日益临近。

一般情况下，潮流速度至少达到1.5～2米/秒时才能保障潮流能涡轮机的有效运行。除了特定地形影响外，一般潮差大的海域潮流都比较大，因此附图1也一定程度上给出了全球主要潮流能利用区。

（三）洋流能

受到海表风和海洋温盐环流驱动，开阔大洋上会形成洋流（附图2）。通常情况下，洋流比潮流速度慢但持续时间更长，洋流通常位于深海，但是在接近海面时更活跃。与潮流相比的另一个区别是，洋流呈单向性。但目前尚不清楚全球洋流中哪些适合开发利用。随着技术的发展，如果能充分利用这些较低流速的洋流能资源，将比潮流能规模大很多。

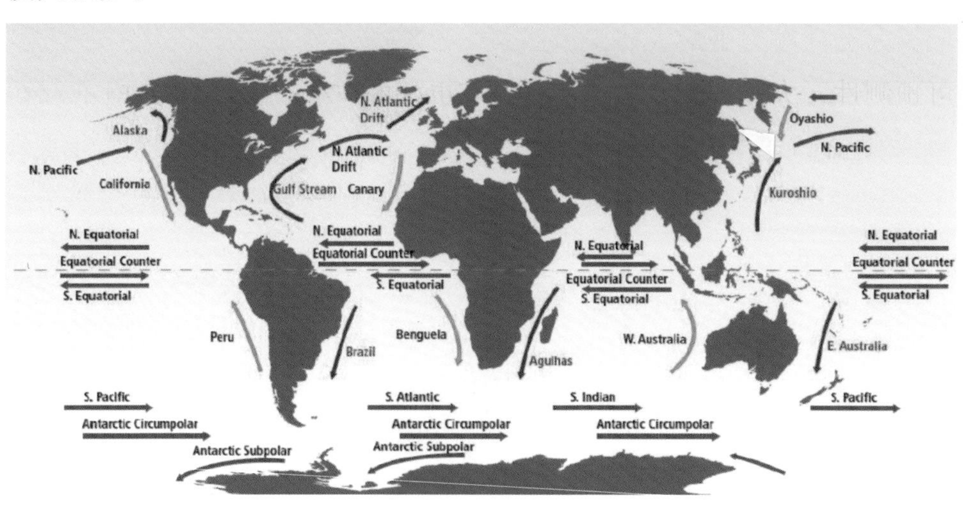

附图2　全球洋流分布图（红色代表暖流，蓝色代表冷流）

潮流能涡轮机因其相同的流体动力学方法和运行原理可以应用在洋流能利用中。在深海应用涡轮机，需要开展浮动式系泊系统或浸没式系统研究。目前，美国、日本、意大利和西班牙的一些大学和公司正在开展相关研究，但研究机构总数并不多，而且尚未有全比例洋流发电样机开展海试或示范。

目前，位于美国佛罗里达大西洋大学的国家东南海洋可再生能源中心（Southeast National Marine Renewable Energy Center，SNMREC）正在开展利用佛罗里达洋流进行发电的研究，致力于研发全球首个洋流能发电装置。

（四）波浪能

波浪能转换装置是将海表波浪的动能和势能转化为另一种形式能量（如电能）的装置。海浪主要是由海风吹过海洋表面产生的，虽然空气与海洋的相互作用和能量转移机制十分复杂，但海洋表面波浪的形成主要是受风速、风吹持续时间和风区长度的影响。由于太阳能导致大气中不同位置空气的温度差而产生风，因此波浪能也被认为是太阳能的一种能量形式。与其他可再生能源资源相比，波浪能的能量空间集中度是其主要优势。

如附图 3 所示，全球波浪能资源集中在纬度为 30°—60°之间的海域，大陆西海岸是最大波浪能区域。波浪能资源具有相对较好的海况可预测性，大多数海域冬季比夏季有更好的波况，每天 24 小时都存在波浪，而且由于海况惯性的存在，波浪能资源不会出现突发性减少等情况。

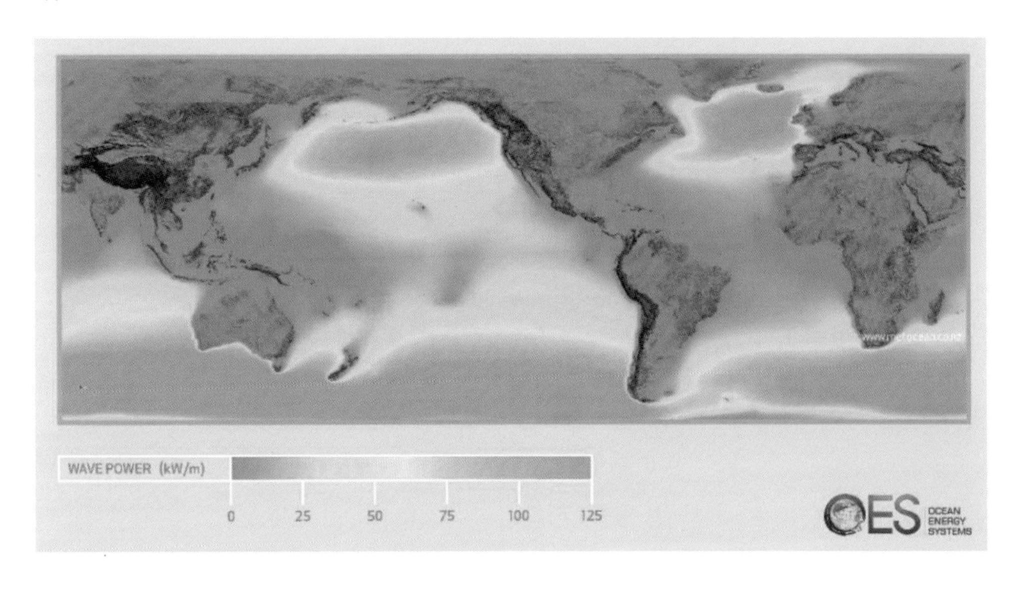

附图 3　全球年均波浪能分布图（IEA OES）

虽然波浪能开发利用的想法由来已久，但真正引起学术界关注则始于20世纪70年代初，规模化、低成本开发利用波浪能已被证明极具挑战性，直到近年来才开始研发出全比例样机。随着越来越多的并网波浪能转换装置的出现，有望在十年左右研制出商业化应用的波浪能装置。

（五）温差能

太阳能入射到海洋，大部分能量被海洋表面上层海水所吸收，以热能方式储存在海水中。海洋表层海水与温度更低的深层海水（一般水深在1 000米以下）之间的温度差可被用于发电。温差能发电至少需要20摄氏度的温差（附图4所示），这样的温差能资源主要分布在赤道两侧的热带地区（纬度0°—35°）。

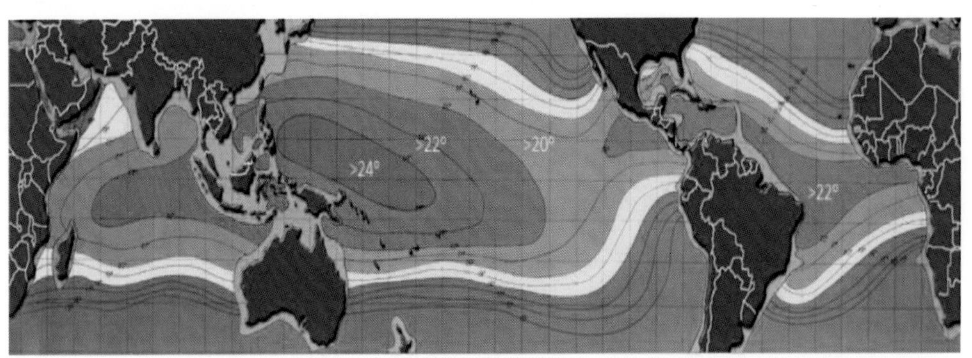

附图4　全球海表暖水与1 000米深冷水年均温差20～24摄氏度廓线图
（美国能源部）

尽管温差存在轻微的季节性变化，温差能资源还是可认为是连续可用的。在各种海洋能技术中，温差能全球资源潜力理论上是最高的。然而，相比其他海洋能技术，温差能资源的能量密度是比较低的，因此在温差能技术的成本效益方面，将是一个持续的挑战。

1881年，法国物理学家J. A. 达松伐尔（J. A. d'Arsonval）首次提出利用海表温度较高的温水区与深海温度较低的冷水区之间温差进行发电的概念，1930年，法国G. 克劳德（G. Claude）在古巴外海进行了首次温差能发电装置海试。

目前，温差能技术分为开式循环、闭式循环和混合式循环三种。

开式循环系统使用真空室来“闪蒸”温度较高的表层海水，产生的蒸汽作为系统工作流体，通过一个涡轮发电机，之后再经深海冷水对其进行冷凝。在海水淡化的应用上，也有可能使用这种开放式循环技术。闭式循环系统具有更高效的热性能，它将温度相对较高的表层海水泵送经过热交换器，使二级工作流体（如低沸点氨）蒸发为气体，由此产生高压蒸汽驱动涡轮机，随后蒸汽被深层冷海水冷却返回。在闭式循环转换中，由于二级工作流体的工作压力更高，因此，系统尺寸通常小于开式循环技术。混合式系统中，闪蒸产生的蒸汽被用作闭式朗肯（Rankine）循环的热源，而朗肯循环使用二级工作流体。

（六）盐差能

盐差能技术是利用淡水和海水之间的化学势能，包括压力延滞渗透法（Pressure Retarded Osmosis，PRO）、反电渗析法（Reverse Electro Dialysis，RED）等方式。

盐差能资源主要分布于河流入海口（附图5），目前，盐差能技术所用的渗透膜的成本过高，一定程度上阻碍了盐差能技术的商业化发展。

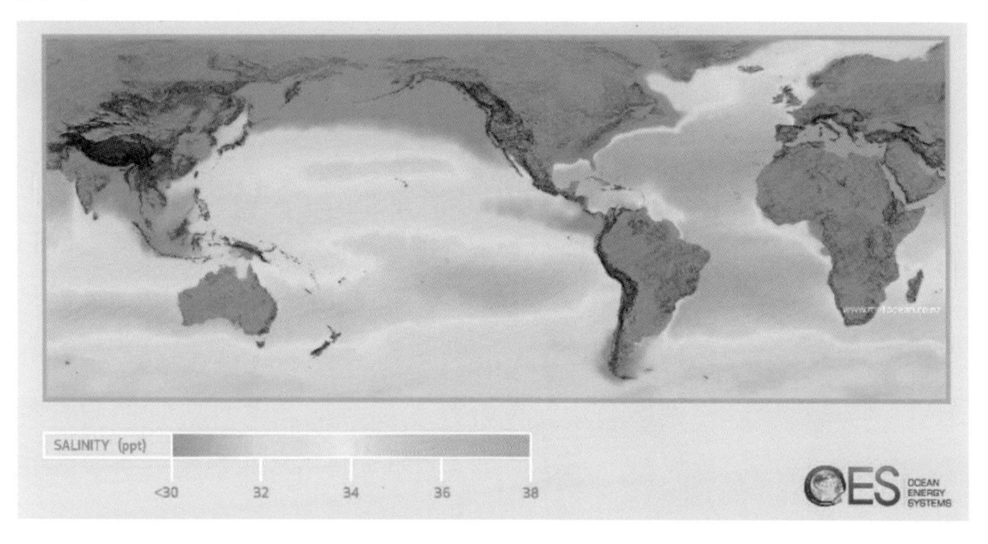

附图5　全球盐差能资源分布图（IEA OES）

虽然几十年前就提出了盐差能技术的概念，但目前仍处于研发早期阶段。全世界范围内，只有少数几家研发商对这一技术感兴趣，还有部分大学开展了一些基础研究，但大多数研究尚处于实验室阶段。2009 年，挪威国家电力公司（Statkraft）曾建造了一座 4 千瓦的示范电站，并持续运行到2013 年12 月。

二、技术研发现状

21 世纪可再生能源政策网络（REN 21）于2014 年发布的研究表明，截至2013 年底，全球海洋能装机容量仅为530 兆瓦，主要是韩国始华湖潮汐电站和法国朗斯潮汐电站的贡献。与其他海洋能技术相比，波浪能和潮流能技术已经有较多的较大装机容量（100 千瓦及以上）的装置开展了长期海试，在不久的将来，这两种海洋能技术最有可能先进入到商业化应用阶段。如前所述，进入21 世纪以来，唯一建成的潮汐电站是装机容量254 兆瓦的韩国始华湖电站，尽管这一座电站的装机容量就远远大于波浪能和潮流能电站加起来的装机容量，但潮汐能技术自20 世纪60 年代商业化以来全球仅新建了一座大型电站，也许恰恰说明了拦坝式潮汐能技术并没有像其他新兴的海洋能技术那样引起广泛关注。目前，世界范围内还没有建成具有一定规模的洋流能或盐差能示范装置，也未建设新的大型温差能示范工程，只是在过去几十年由美国、印度、日本等国建造了几个小型（十千瓦级至百千瓦级）温差能示范电站。

附图6 给出了各种海洋能技术的技术成熟度（Technology Readiness Level，TRL）：国际潮汐能技术已进入成熟期（TRL 9），盐差能、洋流能、温差能尚未完全进入海试阶段（TRL 3 – 5），波浪能和潮流能已进入工程样机或实海况试验阶段（TRL 6 – 8）。当然，技术成熟度这一指标仅是用于评估某项技术在其研发到应用这一过程中技术的发展情况，尽管存在一定不足，但是在比较不同技术成熟度时，TRL 还是比较直观的参考指标。

评价各种海洋能技术时，除了 TRL 这一指标外，还可以综合参考资源储量、批量生产能力、经济效益指标等，附表1 给出了上述不同海洋能技术各个相关指标的相对值。

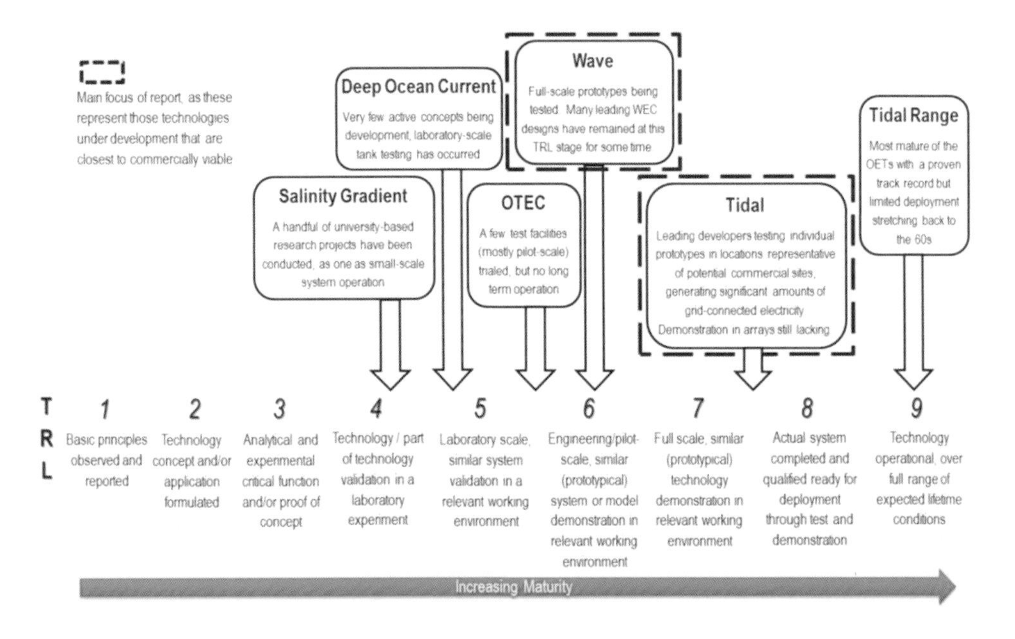

附图 6　国际海洋能技术成熟度

表 1　海洋能技术近期发展的“吸引力”

	技术成熟度	全球资源储量	工业配套能力	投资收益	相对“吸引力”
盐差能					
洋流能					
温差能					
波浪能					
潮流能					
潮汐能					

好	较好	较差

从附表 1 可以看出，从各种海洋能技术的技术成熟度、资源储量、工业配套能力、投资收益等因素综合考量，短期来看，波浪能和潮流能技术对于各国政府及海洋能企业而言更具“吸引力”。

（一）潮流能海试现状

目前为止，几乎所有的潮流能装置都是开展单机海试，基本都是在专业的海上测试场（如英国的 EMEC）进行。到 2014 年初，全球还没有商业化运行的潮流能发电场。附图 7 统计了 21 世纪以来装机容量 100 千瓦以上的潮流能机组海试的各国分布情况。从图中可以看出，英国在此期间处于绝对领先位置，此外，挪威、韩国、美国、加拿大也取得了明显进步。

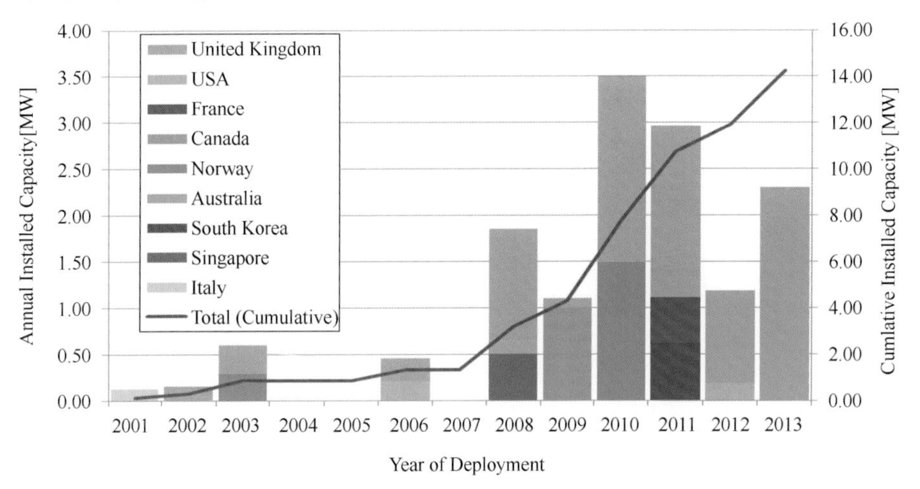

附图 7　全球 100 千瓦以上潮流能机组海试统计

（二）波浪能海试现状

与潮流能机组类似的是，绝大多数波浪能发电装置都是开展单机海试，基本都是在专业的海上测试场（如英国的 EMEC）进行。到 2014 年初，全球还没有商业化运行的波浪能发电场。附图 8 统计了 21 世纪以来装机容量 100 千瓦以上的波浪能发电装置海试的各国分布情况。从图中可以看出，葡萄牙和英国在此期间处于绝对领先位置，此外，澳大利亚、丹麦、意大利、西班牙、巴西、中国和韩国也取得明显进步。

（三）温差能海试现状

目前已基本掌握了温差能利用基础理论以及资源分布状况，但在深海海洋环境下开展装置布放和运维以及大流量海水提升技术等关键技术仍是制约温差能电站走向商业化应用的关键因素。自 1979 年和 1981 年美国测试了两个温差能试验电站后，全球开展了一些温差能试验，但还没有一个能够实现长期运行。2010 年前后温差能技术研发又迎来了一个小高潮，最新的示范电站是日本于 2013 年建成运行的 50 千瓦电站，这也是目前全球唯一一个在运行的温差能电站。

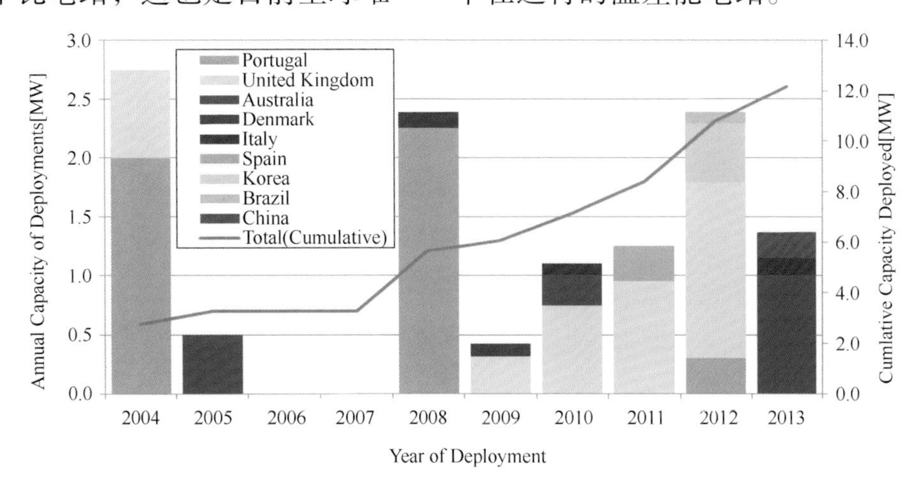

附图 8　全球 100 千瓦以上波浪能装置海试统计

温差能已经测试了次兆瓦级技术，目前技术上已能建造最大 10 兆瓦的温差能系统，但不具有商业可行性。随着冷海水管等大型子系统部件逐步实现工业化生产，将加速大型温差能电站的建成。温差能电站需要在海上运行 30 年甚至更长，因此借鉴海上工程及其他相关产业的经验非常重要，可喜的是，目前海上工程及相关产业已积累了足够多的经验。

随着 DCNS 公司、洛克希德马丁公司、Makai 海洋工程公司、Bluerise 公司等大型企业进入温差能研发领域，中期来看，建成商业化温差能电站很有希望。在技术研发方面，为早日建设商业化温差能电站，应继续促进关键技术的研发和成熟。例如，美国海军和能源部自 2009—2011 年为洛克希德马丁公司提供研发经费，支持其开展了 10 兆瓦级温差能电站用的热交换器和大直径冷海水管等关键技术研发。

100 兆瓦级温差能电站研建过程还需解决两个关键问题，一个是 10 兆瓦级电站的成功示范，另一个是 10 米以上直径的冷海水管研制及示范应用。

三、布放计划

2018 年之前，全球多个国家计划开展波浪能和潮流能发电装置海试。其中，英国、法国、加拿大、澳大利亚、美国、中国等国将有多台装置进行海试，英国在潮流能和波浪能装置的海试上都有领先的计划（附图 9，附图 10）。

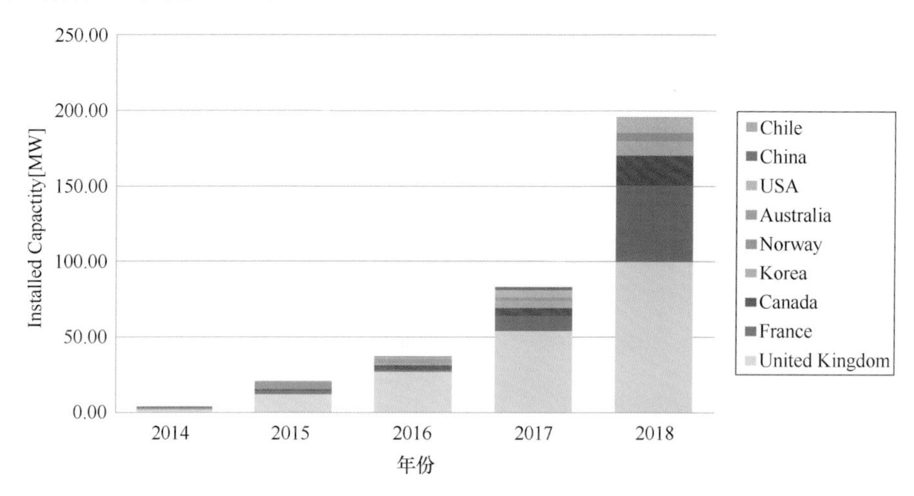

附图 9　2018 年之前主要国家潮流能机组布放计划

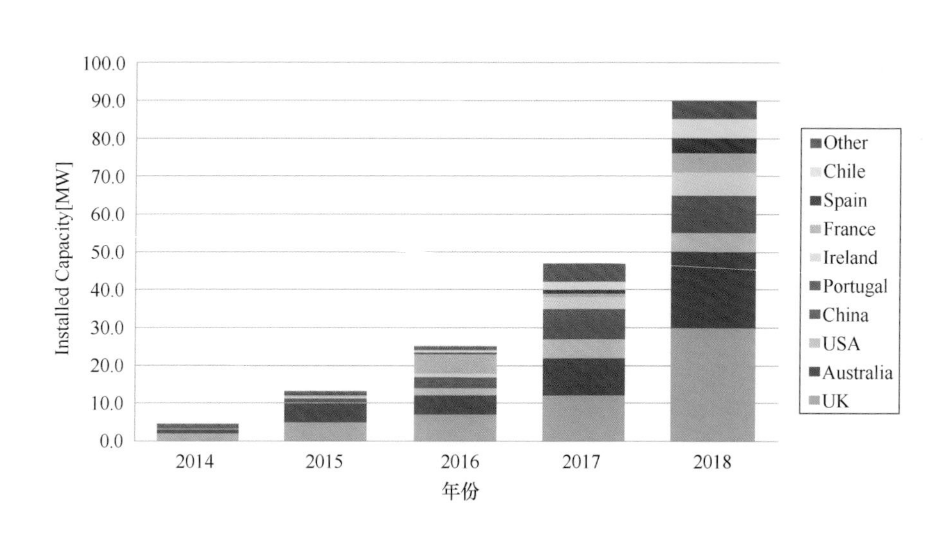

附图 10　2018 年之前主要国家波浪能装置布放计划

本研究采用“自下而上”（已宣布的海洋能项目）和“自上而下”（各国海洋能发展目标）两种方法对5年内全球波浪能和潮流能市场进行了展望。

（一）自下而上

从附图9和附图10可以看出，英国在未来几年有较多的潮流能和波浪能装置将开展海试，澳大利亚和美国将有更多的波浪能技术开展海试，法国和加拿大将有更多的潮流能技术开展海试。当然，这些宣布的海试计划可能会远大于实际开展海试的数量，因为大多数计划都需要庞大的经费支持，因此上述统计可能会带有一部分“乐观主义”成分。同时，海上运行维护和并网等问题都会在很大程度上影响上述计划的实施。

（二）自上而下

还有一种方法来预测海洋能技术海试情况，就是采用各国政府的海洋能发展目标。需要特别注意的是，欧盟通过国家可再生能源行动计划（National Renewable Energy Action Plans，NREAPs）提出了雄心勃勃的海洋能技术布放目标，要求各成员国在2010年提出各自为实现2020可再生能源目标的具体行动计划。2014年1月，欧盟提出2020年海洋能装机2 200兆瓦的雄伟目标。还有许多发展中国家也宣布了海洋能发展目标，例如，泰国宣布了2020年将实现海洋能装机2兆瓦的目标。

和自下而上的方法一样，自上而下的目标预测方法也存在一定不足，容易造成一定的“上偏”（即目标过大），尤其是在指导海洋能技术海试预测方面。这主要是因为目标通常是意愿型的而不是预测型的：有时为了激励产业界，目标会设置得偏高，以向其展示国家意愿，而不是一定要实现的科学目标。有时，目标也会发生较大修正。例如，2010年，英国曾提出到2020年实现1 000兆～2 000兆瓦海洋能装机，后于2011年向下修正为200兆～300兆瓦，而最近进行的行业调查显示，到2020年这一目标大约为150兆瓦更为现实（参见下方专栏）。

专栏：海洋能海试——本世纪20年代将爆发性增长

目前为止实际开展的海试情况不及预期，因此本报告所提出的海试预测略显“悲观”。正如2013年欧洲海洋能战略倡议（Strategic Initiative for Ocean Energy，SI Ocean）所指出的，“实际进展远低于预期，要实现既定的目标风险很大”（MacGillivray，2013）。

造成这种现状的原因主要如下：

- 技术发展速度慢于期望
- 装置研发机构对技术过于乐观
- 为了引起决策层和投资者的关注，一定程度上夸大了技术成熟度
- 宏观经济环境较差——尤其是葡萄牙、爱尔兰等欧洲国家，降低了投资者风险偏好
- 财政支持不到位

海洋能行业正在重新审视相关海试计划，正如欧盟2014年宣布21世纪20年代才会实现千兆瓦级海洋能目标，而不是之前预测的2020年以前。

（三）目标预测

在预测海洋能技术发展目标时，“自下而上”和“自上而下”的方法都存在一定不足，因此做出一个较为宽泛的目标预测更为可行。综合考虑已宣布的海试计划、国家发展目标、存在的障碍等因素，2014－2018年，全球波浪能总装机有望达5兆～90兆瓦，全球潮流能总装机有望达10兆～200兆瓦。需要强调的是，即使是这样一个宽泛的目标也存在较大的不确定性。总的来说，要到本世纪20年代才会实现千兆瓦级海洋能装机目标，而不是2020年以前。

四、主要的海洋能企业

目前海洋能技术尚处于前商业化阶段，很多海洋能技术研发及示范计划都是由大学以及新成立的企业牵头进行。然而，近年来一些电力部门和原始设备制造商开始进入海洋能这一领域（见附表2），这是海洋能迈向商业化的必不可少的一步，因为只有大型企业才有足够多的能力和资源去开展规模化的、耗资巨大的海洋能发电工程。此外，原始设备制造商拥有大规模生产以及工程上的经验，这些都有助于降低相关成本。

由于海洋能技术尚未成熟，为了提前占领市场，许多设备研发机构很明显已主动参与到相关项目的开发过程中。这种纵向整合的典型代表就是亚特兰蒂斯资源有限公司（Atlantis Resources Limited），该公司在新兴潮流能领域中既是涡轮机供应商，又是海洋能发电项目的业主。不过，设备研发机构也经常与电力部门密切合作，以确保其产品拥有长期市场。对于有前瞻性考虑的电力部门而言，支持海洋能研发及示范，可以尽早参与到这一新型清洁能源技术的研发，未来海洋能将很有可能成为其电力构成中的重要部分。

附表2　海洋能领域大型制造商统计

技术	大型制造商参与情况
波浪能装置	尽管像德国福伊特水电集团关闭位于苏格兰的WaveGen波浪能电站，法国阿尔斯通公司不再投资波浪能装置制造商AWS；但像瑞士－瑞典ABB技术公司通过风投资金维持其英国海蓝宝石能源公司股东地位，法国国家造船公司（DCNS）利用芬兰WaveRoller技术在法国海试，美国洛克希德马丁公司在澳大利亚维多利亚海域开展OPT波浪能装置阵列式应用，三菱重工和三井造船也在开展波浪能装置研发 电力部门方面：德国EON电力公司退出“海蛇”项目；但芬兰Fortum能源公司、西班牙Iberdrola电力公司、法国电力集团（EDF）和瑞典能源业巨头Vattenfall公司仍致力于从事波浪能研发
潮流能装置	近年来，阿尔斯通公司、Andritz公司、法国电力公司、韩国现代重工、川崎重工、西门子公司（最近考虑退出）以及德国福伊特水电集团等原始设备制造商进入该领域，美国通用电气公司最近也对潮流能产业表示了兴趣。这些企业目前基本采取与政府部门合作的方式，以使其前期投资风险降到最低 电力部门包括爱尔兰天然气输配公司、法国电力公司、法国天然气苏伊士集团以及西班牙Iberdrola电力公司都在从事潮流能产业
洋流能装置	迄今为止，参与洋流能发电装置研发的大型制造商很少。日本IHI集团、东芝集团和三菱集团与东京大学合作开展了黑潮利用研究，美国Anadarko石油公司也开展了洋流能涡轮机研发工作
潮汐能技术	在英国，私营企业Hafren电力公司在塞汶河潮汐电站项目上，为分散风险，与多家公司组成团队共同开展。此外，上市公司Tidal Lagoon在开发斯旺西湾潟湖电站的项目上，也采取这种方式

续表

技术	大型制造商参与情况
温差能装置	法国 DCNS 2012 年初开始研建一个温差能电站；洛克希德马丁公司与美国海军和能源部合作，正在设计一个全比例的温差能试验电站，近期宣布拟在中国南海地区合作建设温差能电站
盐差能技术	日本富士胶片公司和日本电工公司（Nitto）均在开发盐差能专用膜技术。2013 年 12 月，挪威能源公司 Statkraft 宣布中止在盐差能领域长达 10 年的研发，公开的原因是该技术在可预见的将来并不具备竞争性

第三节　海洋能技术分类及发展趋势

一、国际海洋能技术专利统计

为了有针对性地支持海洋能技术研发，为海洋能海试和发展提供优良环境，决策层需要掌握准确的、最新的技术研发方面的信息，专利情况就是这样一种信息。有效的专利信息分析有助于促进海洋能技术的进一步创新。知识产权的发明和登记活动意味着一项技术及其应用领域的突破性或颠覆性，并可预见到其中长期技术研发和海试的重点在哪些方面。通过国际专利统计，还可以了解到各国技术转让趋势，并通过联合发明和共有产权专利的登记情况了解国际海洋能技术研发的合作情况。

全球海洋能技术专利活动较为活跃，2009—2013 年，年均专利权合作条约（Patent Cooperation Treaty，PCT）授权超过 150 项（附图 11）。本研究报告在专利查询时，主要搜索以“WO”（世界）开头的专利，以避免与各国国内申请的专利发生重复。欧洲专利局的 Espacent 专利检索网可以免费检索到全球 8 000 多万条专利信息，可以通过不同的分类检索不同的技术类型。例如，海洋可再生能源为 Y02E 10/30，潮流能分类为 Y02E 10/28。在 Y02E 10/30 下又分为振荡水柱式、温差能、盐差能、波浪能和潮涌等很多子类。但该数据库也存在许多海洋能技术分类错误的现象。例如，波浪能技术会出现在潮流能分类中。因此，需要对检索结果进行进一步检查和筛选，特别是那些不是特别出名的海洋能发电技术。

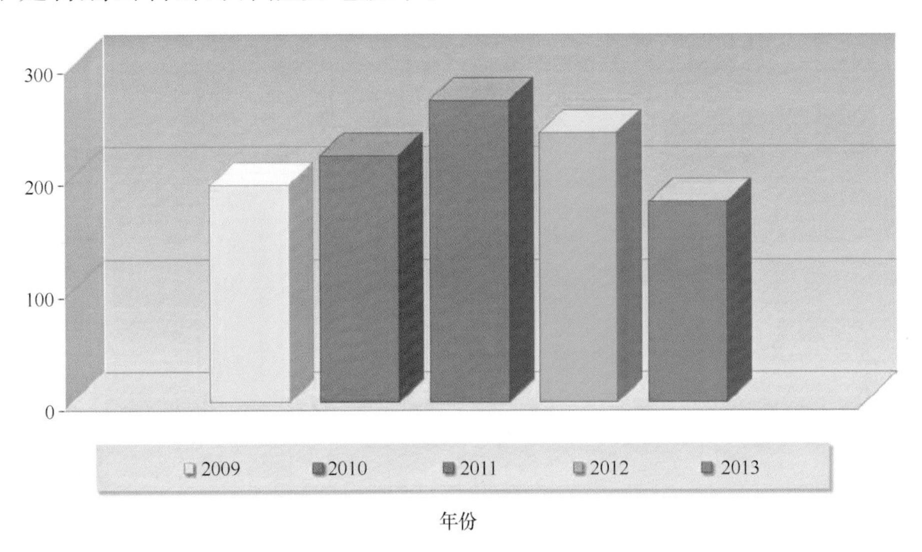

附图 11　全球海洋能 PCT 专利授权年度统计

从 2013 年专利统计情况来看（附图 12），以波浪能和潮流能为主，数量远远领先于其他海洋能。由于其更高的技术成熟度，在下面章节将会对波浪能和潮流能技术进行详细介绍。而对于其他海洋能技术类型，由于专利统计结果很少，后面将统一论述。

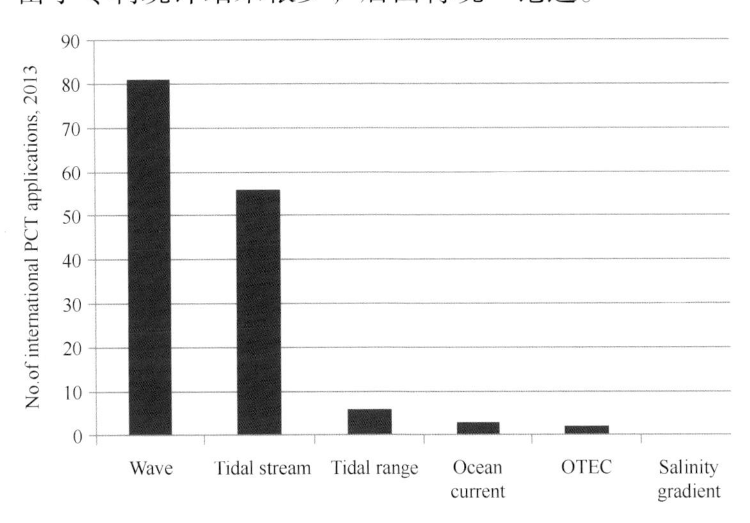

附图 12　2013 年全球海洋能 PCT 专利授权分类型统计

二、潮流能发电系统

潮流能涡轮机一般分为以下几种（附图 13）：

- 水平轴式，机组转子的叶片数量可能不同。
- 垂直轴式，也可以旋转 90°，即横流式。
- 往复式，如振荡水翼式。
- 导流罩式、遮蔽式或文丘里效应式。

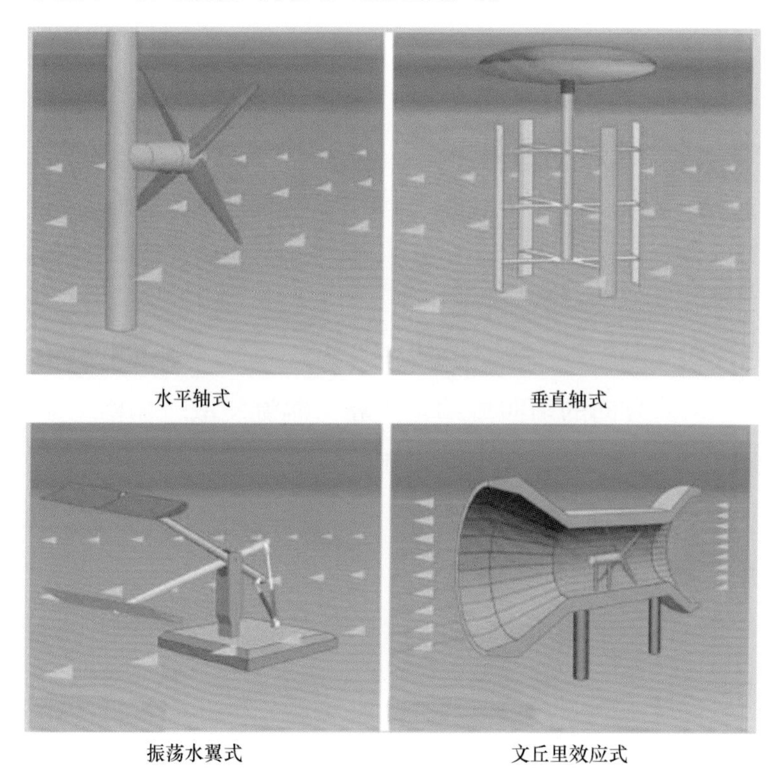

附图 13　潮流能装置分类

水平轴式（轴流式）涡轮机与传统风机类似。海水流向与机组转轴保持平行，推动叶片产生升力，从而产生力矩驱动转子旋转，转子通过机械方式驱动电机。水平轴式机组必须按水流方向布置，在双向机组中是十分重要的一点。潮流能机组研发机构可借鉴传统风机设计的经验。机组叶片可以是固定桨距，也可以是变桨的。一些研发机构将叶片设置成可旋转 180°，以便涨潮和落潮时都可以发电；也有一些研发机构采用双向叶片式设计，使涡轮机组在涨潮和落潮时都能旋转，这样就不需要进行变桨。水平轴式涡轮机可采用带导流罩和不带导流罩方式。

垂直轴式涡轮机的转轴在垂向上与水流方向保持正交，也可以在水平方向上与水流方向保持正交，这在浅水区更为适用。垂直轴式涡轮机在狭窄且深的水道中有更大优势，可以将 PTO 安装在水面以上。这种机组利用叶片升力产生力矩，而横流式机组利用曳力产生力矩。垂直轴式机组可以在不同水流方向下运行，无需进行方位调整。垂直轴式涡轮机也可采用带导流罩和不带导流罩方式。

如前所述，潮流能涡轮机采用带导流罩方式，通常是为了利用“文丘里效应”，这种效应是指流体通过狭窄段管道时出现速度增加的现象。涡轮机外壳可以采取多种形式，在某些情况下，其主要目的是为了防护轮辋式安装的发电机，而在其他情况下，目的是获取更大水流量并使其加速通过机组叶片。

在另一种类型的潮流能涡轮机中，水流用来产生一种作用力，驱动振荡部件沿水流方向的切向振动，水翼、涡流发散、马格纳斯效应等都会产生这样的力。然后，利用振荡部件的机械能驱动电力转换系统。

此外，有少数研发机构还设计了其他类型的装置，一些研发机构甚至在试验大比例样机，例如螺旋式转子、潮流风筝和潮流帆等。

不同研发机构采用不同的控制技术，包括变桨、失速和超速调节等方面的设计。对于不同技术，其 PTO 装置也有很大差异，包括传统的变速箱和发电机系统、变速发电机、直驱永磁系统、直驱液压系统等等。

所有的潮流能涡轮机都必须保持适当的姿态，潮流能机组可采用多种固定方式。既可以采用漂浮式，也可以采用锚泊式或者坐底式。底基包括重力基、吸力式沉箱或嵌入海床的底桩等。此外，潮流能机组既可以设计成全淹没式，运行过程中肉眼无法看到，甚至允许船舶在其上方航行通过，也可以设计成半浸没式，以便于维护等作业。很多研发机构尝试在单个底基或浮动平台上安装多个（两个或更多）转子或发电机的方式。附图 14 对上述典型潮流能涡轮机进行了分类。

潮流能涡轮机通常采用模块化系统设计，然后进行组合扩大至十兆瓦级发电机组阵列。目前研发机构正在研制兆瓦级机组，将上百台这种机组形成阵列，就能实现规模化潮流发电。目前，全球第一个潮流能机组小型阵列化项目正在开展。世界主要潮流能技术研发机构仍处于全比例样机测试阶段，并为降低均化发电成本（Levelised Cost of Energy，LCOE）而持续努力。

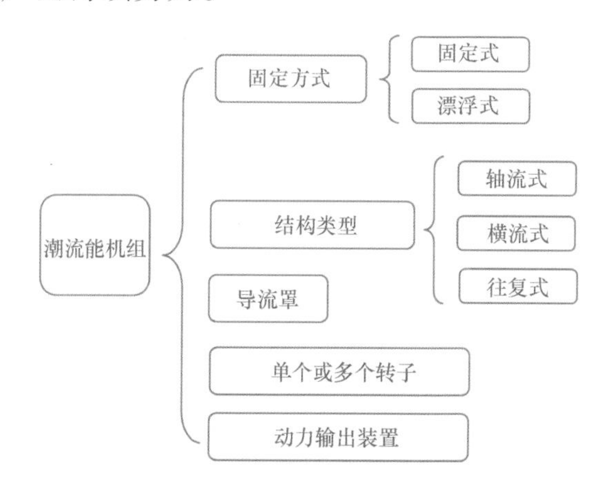

附图 14　潮流能装置的分类方式

因此，目前还不存在“最好的”或“赢定的”潮流能涡轮机设计方案。需要指出的是，目前已开展海试的 500 千瓦以上潮流能机组基本采用的都是水平轴式涡轮机。在这点上，与波浪能技术相比，潮流能发电领域中的技术开发商更为趋同，因而设备型号和种类要少很多。但同时仍有许多技术研发机构在从事垂直轴式涡轮机及其他类型机组的设计，因为潮流能装置极易受水道、水深等限制，这些设计也可能会被证明更适于应用。

（一）潮流能专利活动分析

2013 年，全球至少有 56 个潮流能 PCT 专利获得授权，申请人来自 18 个国家（附图 15）。对这些技术的统计分析结果表明，专利技术涉及的诸多技术，从技术类型上看不出明显的趋势。需要注意的是，专利注册和授权并不代表着技术能发展到广泛商业化应用的可能性，因此对专利活动的技术趋同度下结论没有多大意义。下一小节对正在开展示范的技术进行的分析，对于分析潮流能机组发展趋势更为有用。但是，看一下哪些国家和机构在提交专利申请，也可以从另外一个角度进一步了解该领域的现状。例如，在 2013 年潮流能 PCT 专利授权中，有 36% 来自个人提交，只有 3.5% 来自大学，大多数（60%）来自公司（附图 16）。事实上，在提交专利的申请者中，很多是大型的跨国原始设备制造商，例如阿尔斯通、安德里茨（Andritz）、波音、法国国有船舶制造（DCNS）集团、美国通用电气（GE）和韩国现代等企业。与那些专利申请主要来自个人发明者和小型新成立公司的技术相比，可能预示着潮流能技术向成熟迈出一大步。

附图 15　2013 年潮流能 PCT 专利授权按国家分布情况

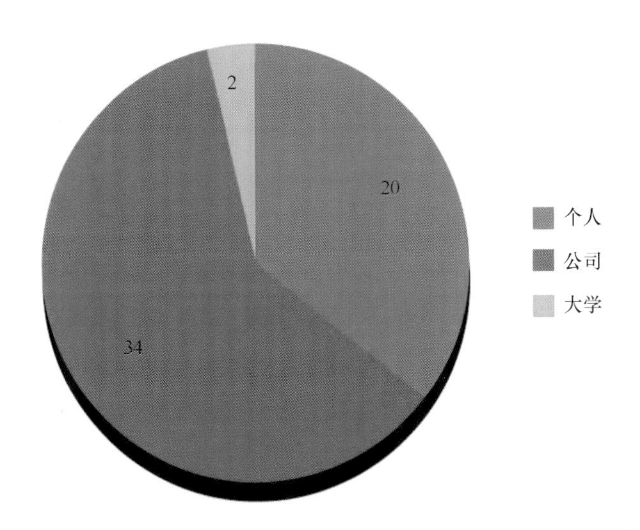

附图 16　2013 年潮流能 PCT 专利授权按所有者类型统计情况

（二）DNV GL 潮流能技术信息分析

关于哪些技术类型将迈向商业化，仅通过专利检索提供的信息还无法判定。这些数量庞大的海洋能领域专利也不能完全涵盖实际研发的各种设计概念，也无法涵盖那些即将进入商业化应用的装置。为了更准确地确定海洋能技术目前的发展趋势和市场状况，对那些取得较大进展的技术进行评估和分析十分必要。DNV GL 集团开发了一个内部数据库，里面包括已知的潮流涡轮机研发机构信息。该数据库定期更新，收集在公共领域发布的各种有关技术研发机构及其项目的最新信息。截至 2014 年 2 月，该数据库列出了 110 个潮流能技术及装置。

在该数据库内，每个潮流能研发机构及其技术都进行了多种分类，包括所在的国家、现状（在用、停止或未知）、应用（某些潮流能研发机构同时也从事河流能和洋流能系统研发）、装置类型（水平轴式、垂直轴式、往复式、导流罩型或其他等）、配置情况（是否采用多转子和/或导流罩）、调控情况（变桨、失速调节、超速或无调控）、动力输出（变速或定速、变速箱和发电机、永磁直驱、直驱液压或未定义/其他）和支撑结构（设备是否完全淹没在水中、刚性连接、单桩、系链/锚链或未定义）。

除了对每个潮流能技术的概述外，该数据库还汇集了设备研发机构进展情况的相关信息，主要包括项目开发、技术分类、比例样机设计和全比例样机设计四类信息，根据每类信息的详细标准进行评价从而确定该研发机构的进展情况，具体如下。

项目开发

- 公司历史（ >5 年）；
- 员工（ >10 名全职员工）；
- 投资额（ >100 万英镑）；
- 投资额（ >1 000 万英镑）。

技术分类

- PTO 研发；
- 制定海试计划；
- 制定运营与维护（O&M）计划。

比例样机设计

- 数值模拟；
- 实验室模拟；
- 比例样机海试。

全比例样机设计

- 独立验证；
- 全比例样机（FSP）海试。

采用专家打分法，按照上述12项标准对该数据库中每个技术概念进行打分，符合1个标准的满分是1分（未经证实的得0.5分），因此每个技术概念的总分为0～12分。从而梳理出积极从事海洋能技术研发活动（得分高于5分）的研发机构。

需要指出的是，这种方法虽然有用，但只是用于验证每个技术概念经历了哪些发展过程，并不代表这些技术可有效地将海洋能转换为可利用的形式。评价后者需要有更为详细的技术评估以及其他信息。即使这样，由于该领域仍处于发展的早期阶段，因此需要的是时间和投资以及学习、创新和运营经验，这样才能验证哪些技术最终是成功的。

此外，虽然由此得出的入围名单和得分对比有助于判定哪些研发机构取得了更高的技术成熟度（TRL），并将更早迈向商业化道路，但应该指出的是，这种方法没有充分考虑到技术概念和研发项目之间的个体差异以及与每个标准的符合度。例如，“比例样机海试”这个标准既包括较大比例样机在深海更为恶劣的环境下进行较长时间海试，也包括小比例样机在海况较好的环境下进行了较短时间海试，因此这条标准对于那些易于开展海试的技术或者进行了较短时间海试的技术而言很容易得高分。还应该注意的是，比例样机和全比例样机海试并不需要考虑装置是否并网。在当前潮流能研发领域，很多样机只是在海中按预设时间开展了试验，随后就回收进行调整或者避免极端海况，像这种情况即使进行了海试，目前多数也并未在海上持续运行。

按照上述方法对DNV GL集团的数据库中的82个技术开发较为活跃的研发机构进行统计分析，共有来自13个国家的25个潮流能研发机构（得分都在5分以上）被筛选出来，详见附表3。

附表3　潮流能技术研发较为活跃的研发机构

研发机构	国家	网址
Andritz Hydro Hammerfest	Norway/Austria	www. hammerfeststrom. com
Alstom	France/UK	www. alstom. com/power/renewables
Atlantis Resources Corporation	Singapore/UK	www. atlantisresourcesltd. com
Clean Current Power Systems	Canada	www. cleancurrent. com
Elemental Energy Technologies	Australia	www. eetmarine. com
Flumill	Norway	www. flumill. com
Hydra Tidal (Straum AS)	Norway	www. hydratidal. info
Hyundai Heavy Industries	Korea	www. hyundaiheavy. com/
Kawasaki Heavy Indutries	Korea	www. khi. co. jp/english
Marine Current Turbines (Siemens)	UK/Germany	www. marineturbines. com
Minesto	Sweden	www. minesto. com
Nautricity	UK	www. nautricity. com
New Energy Corporation	Canada	www. newenergycorp. ca
Ocean Renewable Power Company	USA	www. orpc. co
Oceanflow Energy	UK	www. oceanflowenergy. com
OpenHydro (DCNS)	Ireland/France	www. openhydro. com
Pulse Tidal	UK	www. pulsetidal. com
Sabella	France	www. sabella. fr
Schottel	Germany	www. schottel. de
Scotrenewables Tidal Power	UK	www. scotrenewables. com
Swanturbines	UK	www. swanturbines. co. uk
Tidal Energy Limited	UK	www. tidalenergyltd. com
Tocardo	Netherlands	www. tocardo. com
Verdant Power	USA	www. verdantpower. com
Voith Hydro	Germany	www. voith. com/en/products – services

总结这25家潮流能研发机构的技术发展趋势，可以看出：

- 在这些技术中，76%采用水平轴式技术，12%采用横流式技术，4%采用往复式技术，8%为其他方式［附图17（a）］；
- 68%的技术设计为全浸没式工作方式；
- 68%的技术采用单台涡轮机，32%为多个转子；
- 64%的涡轮机有变速传动系统；
- 56%的涡轮机采用非单桩式基底刚性安装在海底，36%采用漂浮式系统通过锚链固定，4%设计成固定在单桩基底上，还有4%不详［附图17（b）］；
- 48%使用变速箱和发电机系统，44%使用直驱永磁发电机，8%不明确；
- 44%设计成随水流摇摆运动（随水流运动的系留装置也视为摇摆），56%不随水流摇摆或未明确；
- 16%带导流罩；
- 28%使用变桨，16%使用超速调控，16%无调控装置，8%使用失速调控，32%未明确。

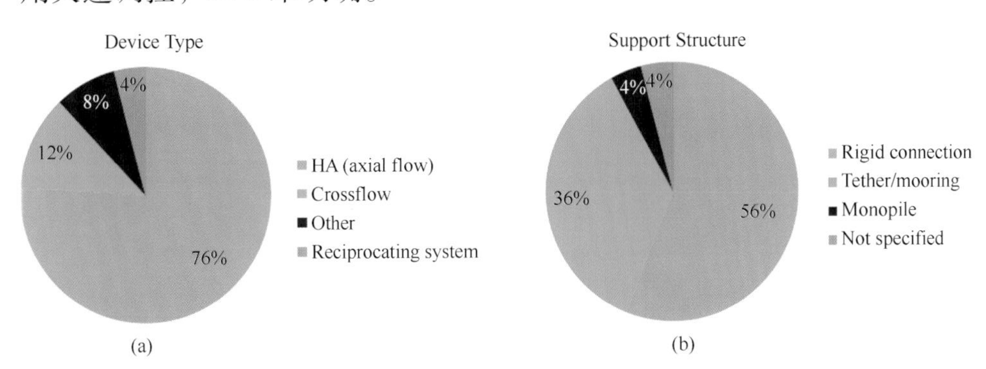

附图17　按装置类型（a）和支撑结构（b）对技术研发机构进行统计

（三）潮流能技术趋势总结

2013年授权的潮流能专利来自18个国家的申请，而附表3中筛选出的技术研发商来自13个国家，附图18给出了这些国家技术研发商所占的比例。

从附图18可以看出，英国、法国和德国主导了2013年潮流能国际专利活动。英国和法国被公认是拥有欧洲最好潮流能资源的国家，很明显，其国内研发商和技术已开始开发利用这一资源。同时，德国的潮流能技术相关公司和原始设备制造商也开始寻求参与开发其邻国潮流能市场。需要指出的是，韩国和加拿大作为潮流能开发第二梯队国家，也非常重视潮流能资源开发。

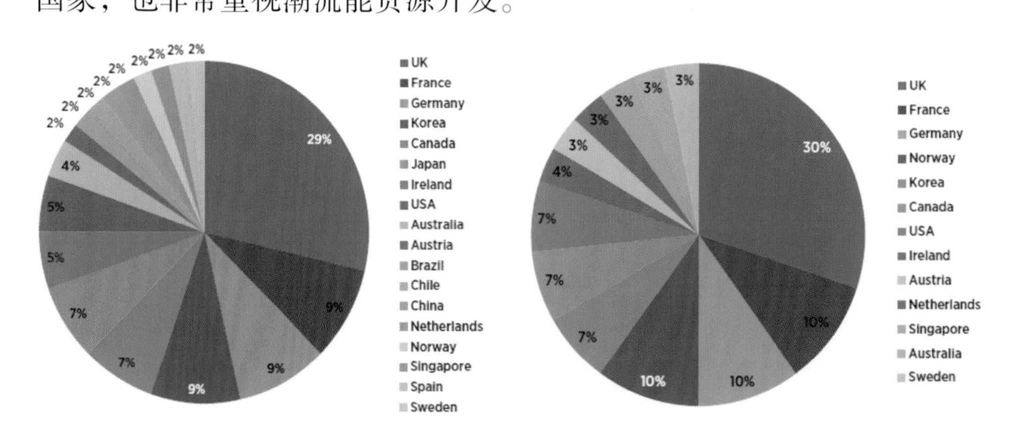

附图 18　2013 年潮流能 PCT 专利统计

（左图为全部 18 个国家，右图为 13 个国家）

在技术方面，最明显的趋势是，大多数技术研发商（约占 3/4）采用水平轴式设计方式；同样显而易见的是，只有 16% 的技术研发商采用导流罩式设计；有 2/3 以上的技术研发商采用全浸没式设计方式，这种设计既可以避免装置受到风暴影响，又不会在水面上造成“视觉上”的影响，不过与半浸没式系统相比，在成本上也会更加昂贵，而且运行维护也相对困难；超过 2/3 的技术研发商采用单转子设计；约 2/3 采用变速传动系统；其他特性方面，统计的技术研发商呈现多样化。

三、波浪能转换系统

波浪能转换系统可以按照多种方法进行分类，附图 19 给出了波浪能转换系统的主要类型，图中点吸收式、衰减式和摆式（也称“浪涌式”）都属于振荡浮子式装置。

振荡浮子式（OB）波浪能转换系统的某个/几个部件的运动从波

浪获取能量，在装置的不同部件之间或者运动部件与海底之间安装PTO，这种类型的装置既可以采用全浸没式，也可以采用漂浮式。

振荡水柱式（OWC）波浪能转换系统由下端与位置较低的水面相连、顶端与空气经由空气涡轮机相通的气室组成。当波浪在气室内振荡时，推动空气穿过涡轮机，促使涡轮机旋转，驱动发电机发电。这种类型的装置可以采用固定式（安装在海底或海岸上）或漂浮式（利用装置结构相对于海表面振荡而产生能量）。

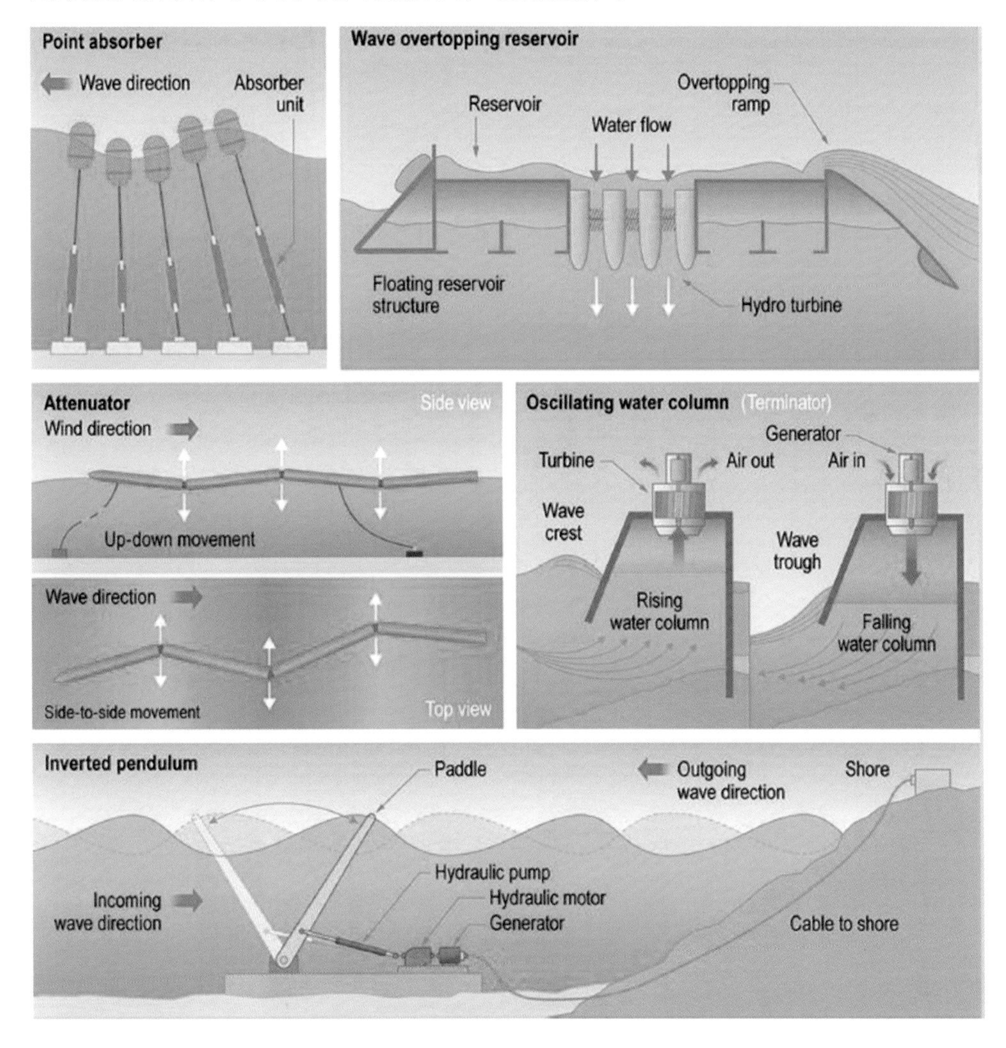

附图 19　主要的波浪能发电装置类型

越浪式（Overtopping）波浪能转换系统利用波浪运动将海水存入高于平均水位的蓄水池（有时通过收缩式收集结构进行）中，蓄水池中的海水再通过一个低水头涡轮机流入海中，推动涡轮机运动，将海水势能转化为电能。

波浪能转换装置也可以按照装置的尺寸和布置方向进行分类，包括点吸收式、衰减式或截止式。衰减式装置沿着波浪传播方向上的尺度比平行于波前方向上的尺度大很多，随着波浪沿着装置长度的方向传播时逐步吸收能量；截止式装置是主要沿波浪传播方向的垂直方向布置的波浪能转换系统；点吸收式装置是指，无论是在波浪传播方向垂直方向或者沿波浪传播方向上，装置的尺寸都远小于入射波长度。

“岸基式”“近岸式”和“离岸式”是按照波浪能转换装置所处布放位置的不同进行的分类，“离岸式”装置是在波浪能资源条件最好的海上进行布放，同时也要承担高昂的安装和运维成本。

附图 20 列出了各种常见的波浪能转换装置技术类型。

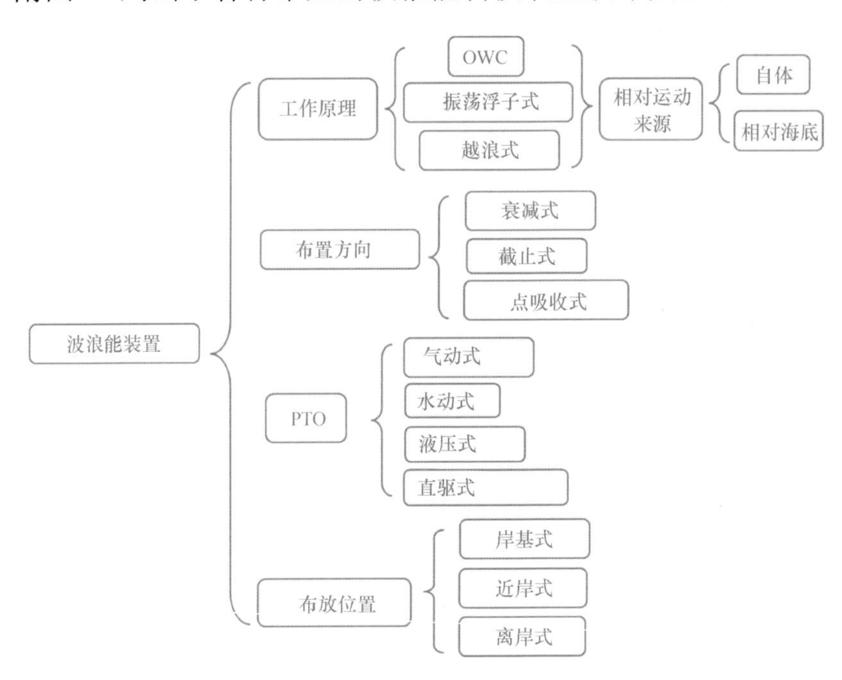

附图 20　波浪能转换装置的主要分类

与风机和潮流能涡轮机类似的是，波浪能转换装置一般也设计成模块化系统，这样很容易扩展成兆瓦级发电装置阵列。波浪能装置要实现规模化应用，至少要求单机的额定装机功率为百千瓦级，这样通过数十个或数百个装置的阵列化应用就能够达到规模化应用。到 2014 年 6 月，世界上还没有大规模的商业化波浪能发电阵列计划，只有部分研发商宣称计划建设波浪能小规模阵列。主要技术研发商仍处于全比例样机测试阶段，正努力降低装置的均化发电成本。

因此，目前还不存在“最好的”或“赢定的”波浪能转换装置设计方案。由于全球各地波浪能资源状况差异以及各国对岸基式、近岸式、离岸式等应用关注点的不同，波浪能技术可能不会趋向于单一技术类型。不同的装置可能会更加适合于不同的用途。

（一）波浪能转换装置专利活动分析

2013 年，共有来自 26 个国家的 81 个波浪能 PCT 授权，详见附图 21。与前面提到的潮流能技术类似的是，从这些专利中并看不出明显的技术发展趋势。与潮流能相比，无论是专利权国家还是技术种类，2013 年的波浪能专利更多。需要再次强调的是，这些专利并不反映技术吸引投资的能力、商业化应用等。下一节将分析各技术研发商的趋势，包括哪些已经取得了较好的研发进展，哪些具有更好的商业化应用前景。

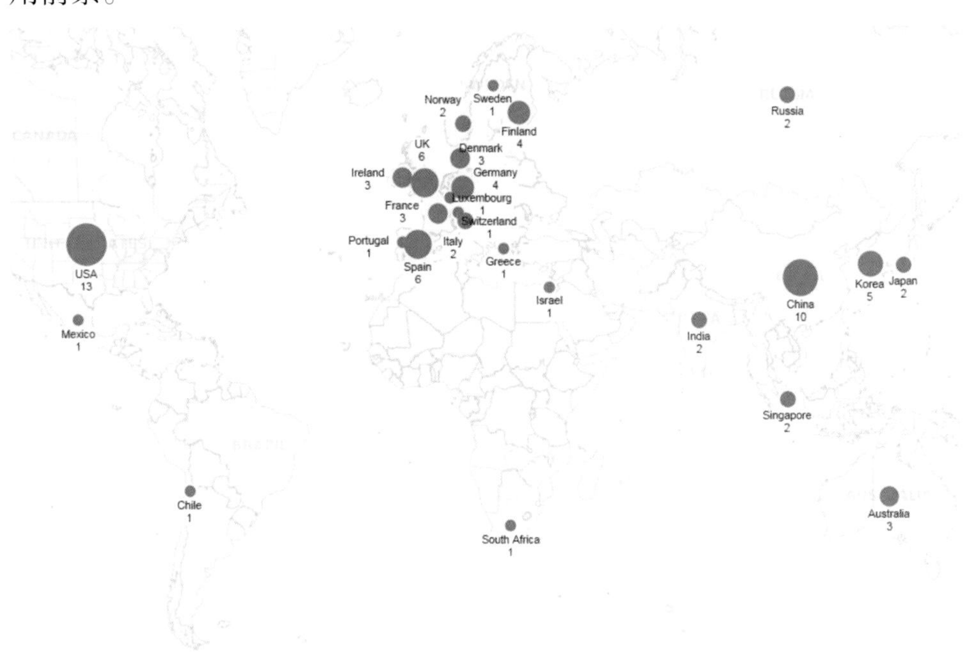

附图 21　2013 年波浪能 PCT 专利授权按国家发布情况

从附图 22 可以看出，大约一半（48%）的专利来自个人，6% 来自大学，46%来自公司。与潮流能专利情况相比，一定程度上意味着波浪能技术还不成熟，更多的研发活动还是由个人和大学开展。尤其是相比参与潮流能技术研发的大型企业和原始设备制造商来说，参与的众多波浪能技术研发商几乎都是较小的企业。不过，2013 年也有大型跨国公司获得波浪能 PCT 专利授权，例如美国雪弗龙（Chevron）公司和德国博世（Bosch）公司等。

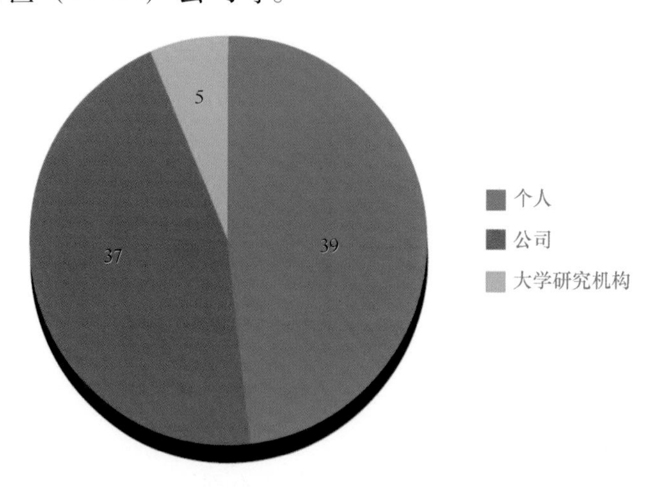

附图 22　2013 年波浪能 PCT 专利授权按所有者类型统计情况

（二）DNV GL 集团波浪能技术分析

就波浪能技术而言，仅凭专利检索提供的信息还无法判断哪些波浪能技术会实现商业化应用。如上所述，如此多的海洋能技术专利也无法准确反映目前的主流开发技术。截至 2014 年 2 月，DNV GL 数据库中列出了 176 个波浪能技术，这些信息对于了解波浪能技术进展很有帮助，也可从中分析出一些发展趋势。

在该数据库内，每个波浪能研发机构及其技术都进行了多种分类，包括现状（在用、停止或未知）、应用（近岸式、岸基式或离岸式）、输出形式（电力、海水淡化）、安装形式（坐底式、漂浮式、浸没式）、布置方向（衰减式、截止式、点吸收式）、动力输出（气动式、水动式、液压式、直驱式）等。

现状

- 在用——研发商持续从事波浪能技术开发；

- 停止——研发商不再从事波浪能技术开发；
- 未知——不清楚研发商是否仍在从事波浪能技术开发。

应用

- 近岸式——装置安装在水深较浅的近岸波浪区，通常靠近海岸，海底摩擦力对入射波的能量有一定消耗；
- 岸基式——装置安装在岸上（通常安装在现有结构物上，如防波堤）；
- 离岸式——装置安装在远离海岸的深水区，此时，海底摩擦力对入射波所产生的作用可以忽略不计（大致为水深大于海浪波长一半的区域）。

输出形式

- 电力——将波浪能转换为分布式电力或并网电力；
- 海水淡化——利用波浪能生产高压海水用于淡化。

安装形式

- 坐底式——装置安装在固定在海底或岸基结构物上；
- 漂浮式——采用锚链系统将装置离岸处（或近岸处）；
- 浸没式——装置完全浸没在水中。

布置方向

- 衰减式——装置主轴垂直于入射波前，波浪沿装置运动时俘获波浪能；
- 截止式——装置主轴平行于入射波前，装置对波浪拦截而获取能量；
- 点吸收式——与入射波波长相比，装置尺寸较小，可以从各个方向吸收波浪能。

PTO

- 气动式——波浪运动引起空气运动，从而驱动涡轮机运转，这种方式在振荡水柱式装置上应用得较多；
- 水动式——用水驱动水轮机，如越浪式装置中的低头水轮机或泵送高压海水的培尔顿（Pelton）式水轮机；
- 液压式——利用高压液压油在水泵、电机和蓄电器之间传输，从而驱动发电机；

• 直驱式——一般是指直线发电机，也可以直接耦合机械系统（如飞轮、棘轮系统等）。

按照上述方法对DNV GL集团的数据库中的96个技术开发较为活跃的研发机构进行统计分析，共有来自13个国家的36个波浪能研发机构（得分都在5分以上）被筛选出来（见附表3）。

附表3 波浪能技术研发较为活跃的研发机构

研发机构	国家	网址
40South Energy	Italy/UK	www. 40southenergy. com
AquaGen Technologies	Australia	www. aquagen. com. au
Aquamarine Power	UK	www. aquamarinepower. com
Atargis Energy	USA	www. atargis. com
AW – Energy	Finland	www. aw – energy. com
AWS Ocean Energy	UK	www. awsocean. com
BioPower Systems	Australia	www. biopowersystems. com
Carnegie Wave Energy	Australia	www. carnegiewave. com
Columbia Power Technologies	USA	www. columbiapwr. com
COPPE Subsea Technology Laboratory	Brazil	www. coppenario20. coppe. ufrj. br
Crestwing	Denmark	www. crestwing. dk/
DEXAWAVE	Denmark	www. dexawave. com
Eco Wave Power	Israel	www. ecowavepower. com
Ecomerit Technologies	USA	www. ecomerittech. com/
Floating Power Plant	Denmark	www. floatingpowerplant. com
Fred Olsen	Norway	www. fredolsen – renewables. com
Industrial Technology Research Institute	China (Taiwan)	www. itri. org/eng/
Langlee Wave Power	Norway	www. langlee. no
Ocean Energy Ltd.	Ireland	www. oceanenergy. ie
Ocean Power Technologies	USA	www. oceanpowertechnologies. com

续表

研发机构	国家	网址
Oceanlinx	Australia	www. oceanlinx. com
Oceantec Energias Marinas	Spain	www. oceantecenergy. com
Offshore Wave Energy Ltd.（OWEL）	UK	www. owel. co. uk
Oscilla Power, Inc.	USA	www. oscillapower. com
Pelamis Wave Power	UK	www. pelamiswave. com
PIPO Systems	Spain	www. piposystems. com
Resolute Marine Energy	USA	www. resolute – marine – energy. com
Seabased	Sweden	www. seabased. com
Seatricity	UK	www. seatricity. net
Trident Energy	UK	www. tridentenergy. co. uk
Wave Rider Energy	Australia	www. waveriderenergy. com. au
Wave Star Energy	Denmark	www. wavestarenergy. com
Wedge Global	Spain	www. wedgeglobal. com
Wello	Finland	www. wello. fi
Weptos	Denmark	www. weptos. com
WET – NZ	New Zealand	www. waveenergy. co. nz

总结这36家波浪能研发机构的技术发展趋势，可以看出：

• 64%的技术采用离岸式，19%近岸式，约11%可用于离岸或者近岸，6%为岸基式应用［附图23（a）］；

• 67%的技术采用漂浮式，19%采用坐底式和半浸没式，14%采用全浸没式［附图23（b）］；

• 53%为点吸收式，33%为截止式，14%为衰减式［附图23（c）］；

• 42%的技术采用液压式PTO，30%采用直驱式，11%采用水动式，11% 采用气动式，还有5.6%不明确［附图23（d）］。

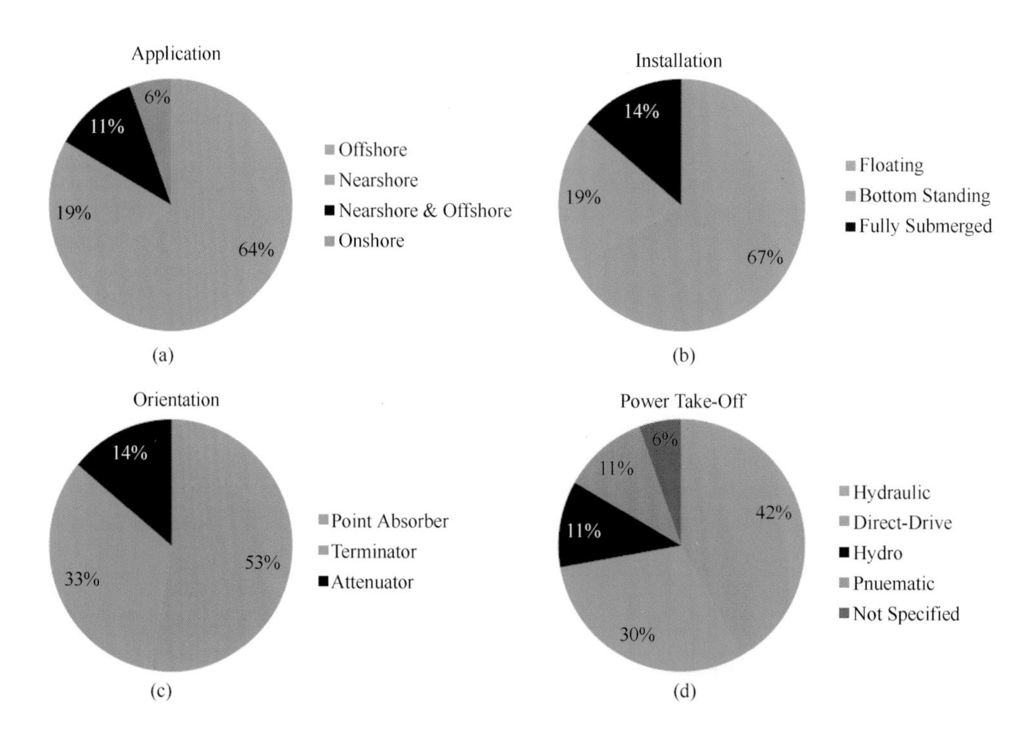

附图 23　波浪能技术研发商按装置类型统计分析图

（三）波浪能技术趋势总结

2013 年的波浪能专利活动包括 26 个国家的专利授权统计［明显多于潮流能技术专利活动（附图 24）］，而筛选出的技术研发商来自 13 个国家（附图 25），从附图 24 可看出，该领域专利活动呈现出更加多样化，申请授权国家更多，其中，美国、中国、英国和西班牙的最多。

附图 25 统计的较活跃技术研发商分析表明，到目前为止，几乎没有几个国家有研发商在积极推进波浪能技术走向商业化并取得较大成果。英国、美国、丹麦和澳大利亚在这方面处于领先地位。在波浪能领域，有更多国家正开始关注，未来可能会有其他国家迎头赶上，但就目前来看，首批波浪能商业化项目极有可能出自于英国、美国、澳大利亚或丹麦的技术。

可以看出，大多数波浪能转换技术研发商采用（深水区）漂浮式点吸收式应用方式，但也有一部分技术研发商采用（近岸）坐底式应用方式。少数波浪能转换研发商采用全浸没式设计，很大程度上是因为海表波浪能最大，随水深增加能量下降很快。从 PTO 来看，还看不出液压式、直驱式、水动式和气动式中哪一种更有优势。

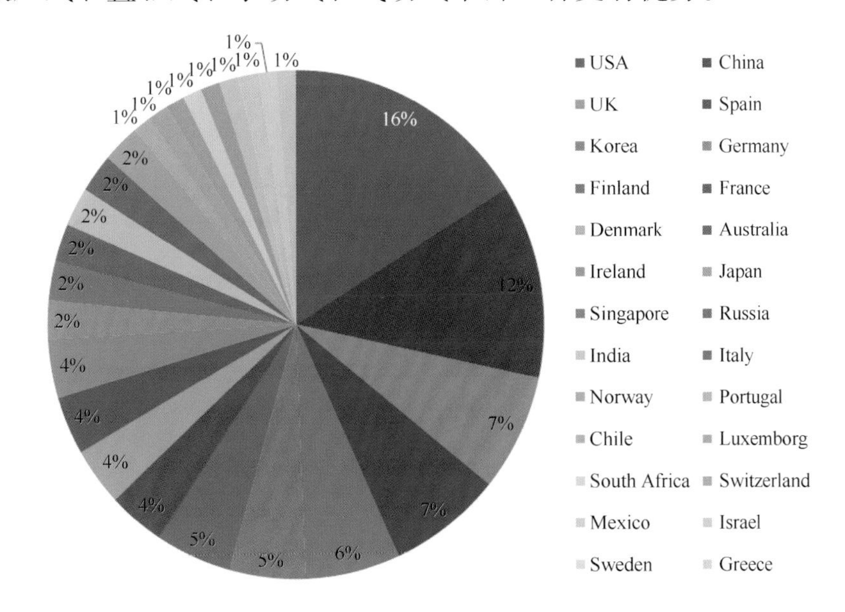

附图 24　2013 年波浪能 PCT 专利授权按国家统计

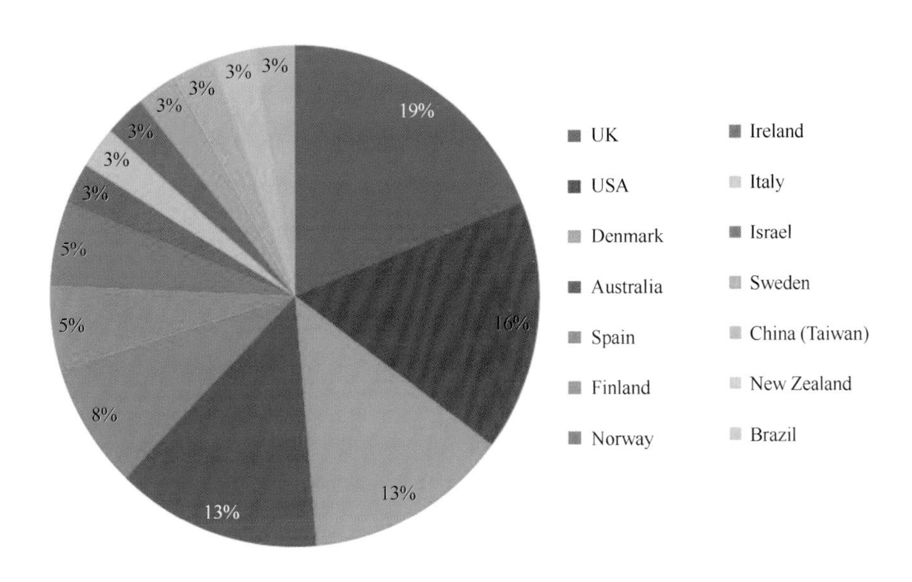

附图 25　较活跃的波浪能技术研发机构按国家统计

四、其他海洋能技术

其他海洋能技术 PCT 专利授权数远小于波浪能技术和潮流能技

术，无法进行进一步的分析。

(一) 潮汐能

2013 年，只有少量的潮汐能 PCT 专利获得授权，包括美国、德国、中国、韩国、日本 5 个国家的 6 项专利授权，专利所有人都是个人发明者。一定程度上意味着，在潮汐能领域技术创新和知识产权上，产业组织几乎没有做出什么努力。

(二) 洋流能

2013 年，只有 3 项洋流能 PCT 专利获得授权，其中，2 项专利来自美国的公司，另 1 项专利来自韩国的个人发明者。在美国开发洋流能技术很可能与其国内丰富的墨西哥湾流资源有关。与潮流能技术比较，洋流能技术关注度要低得多，反映出潮流能涡轮机技术研发是全球关注的焦点，更加接近商业化。

(三) OTEC

2013 年，有 8 项温差能 PCT 专利获得授权，来自美国和法国的 5 家公司，包括洛克希德马丁和 DCNS 这两家国际知名公司。

(四) 盐差能

2013 年，该领域并没有 PCT 专利授权。但经查询，韩国国内专利有几项盐差能专利授权，主要是一些大学在从事相关研究。

第四节　海洋能技术发展面临的障碍

海洋能技术要实现规模化应用需要克服四个方面的障碍：技术层面、成本方面、环境和社会影响、基础设施方面。只有解决了高可靠发电装置/阵列设计、成本有竞争力、社会环境影响合理、基础设施健全这几方面的问题，才能实现规模化应用。

这几方面因素相互影响，例如，若要使装置的成本有竞争力，必须解决好技术上的问题。因此，为应对这些挑战，需要产业部门、科研机构、大学等多方的参与和合作，当然，更加需要决策层的支持，有时甚至起到决定性作用。接下来分四个方面对政府在促进海洋能技术发展上可以采取的行动进行论述。

一、技术层面

（一）面临的挑战

无论是在资源规模上，还是在清洁无碳排放等特性上，海洋能技术的发展潜力都是巨大的。正如第二节所述，海洋能技术总体上仍处于前商业化阶段。也就是说，在资源、装置、阵列式应用等技术领域仍有待提高。

- 准确的资源分布情况不清：加拿大、智利、英国和美国等国虽然已经绘制了海洋能资源全国分布图，但普遍存在精度不够的问题。大多数国家还没有掌握准确的海洋能资源分布情况。这对于海洋能开发来说是个重大障碍：产业部门需要却无法了解资源状况，同时还需要提高关于资源对能量俘获和功率输出等影响的认识。

- 发电装置仍需改进：海洋能发电装置设计面临三大主要挑战，即装置的可靠性、生存性和安装方便性。对波浪能发电装置来说，生存性问题尤为突出；对于潮流能发电装置来说，考虑到海上作业窗口较短，所以提高其安装的方便性仍具有较大挑战。

- 阵列式应用经验匮乏：单个海洋能发电装置的运行与阵列式应用存在很大的不同。波浪能和潮流能发电装置的阵列式应用面临的一个主要挑战是了解尾流场的影响以及管理复杂的阵列式布缆方式。这方面，可以借鉴英国能源技术研究所（ETI）启动的 PerAWaT 项目，其试图建立并验证一整套工程模型以对波浪能和潮流能发电装置阵列的性能进行分析。欧盟开展的低碳和可再生示范项目投资计划（NER300），支持海洋能发电装置的阵列化应用，也将有助于提供实际经验参考。

（二）政策建议

考虑到大多数海洋能技术仍处于前商业化应用阶段，为降低研发机构的技术风险，决策层仍需发挥至关重要的作用。

• 开展海洋能资源调查与制图：最重要的，决策层需要掌握近海资源情况，同时要考虑各种技术约束条件（如与电网的距离，船只能否到达，等等），以决定优先发展哪些技术，并尽可能靠近电力需求中心。同时，对资源状况的详细掌握有助于更好地选取测试区和试验场所以及配套基础设施的长期规划。参见案例A。

• 提供技术研发及示范财政支持：样机研发与海试以及初级阵列式应用既需要大量资金，也存在较高的技术风险，需要公共财政给予支持，并发挥大学、研究所、企业的各自优势。在这方面，澳大利亚可再生能源署（ARENA）的经验值得借鉴，ARENA设置的波浪能示范项目对澳大利亚波浪能技术发展起到了较好促进作用。同时，也要注意对基础研究给予相应支持，提高实验模拟能力以及资源基础理论，这方面可参考Supergen英国海洋能研究中心（Supergen UK Centre for Marine Energy Research）的做法。

• 促进实践经验的分享：借鉴成功经验可以加速海洋能技术的发展，决策层可通过鼓励相应的组织机构之间的交流来实现这一目标。参见案例B。

➢ 全球层面上：可考虑IEA OES等国际组织；

➢ 区域层面上：可考虑欧洲海洋能联盟（EOEA）和东南亚海洋能联盟（SEACORE）等区域组织；

➢ 国家层面上：在有效保护装置研发者的知识产权的同时，支持经验共享，例如丹麦成立的ForskVE计划等。

• 鼓励分散风险：在促进经验共享的同时，要有效分散风险。所有准备从海洋能产业获益的参与者，无论是电力企业，纳税人，政府部门，研发机构，投资人，还是供应商，都应该适当分担海洋能技术研发阶段的早期风险。特别是新兴海洋能还处于不确定性较多、风险较大的阶段，有效地分散风险可以减轻任何一方为失败承担的后果，促进海洋能项目的早日成功。

• 继续支持海上测试场：欧洲、北美、亚洲均已建成海洋能测试场，有效促进了装置研发，特别是在欧洲，成效更为明显。即使在一些国家无法建设测试场，政策也应支持而非限制海洋能装置海试。在海洋能测试场开展示范有助于解决许多海洋能技术的创新需求，参见下方专栏。

专栏：海洋能技术商业化的创新解决方案

技术挑战

虽然海洋能技术有多种形式，但它们所面临的挑战是相同的。海洋能技术面临的最大挑战是在海洋环境中实现装置的运行。在海上作业的成本和复杂程度都会显著增加。随着水深增加，将目标物固定在海底也变得越来越难，而浮式平台会引起海上工作条件的动态变化。

海洋环境有时会变化剧烈（例如流速较快、海况恶劣等），因而导致不利影响。波浪和海流会对装置施加巨大的力，同时还要考虑水位上涨和海水腐蚀对装置的影响等。装置发电时还要考虑电力传输等问题，电缆布放和变电站等在陆上行得通的方案在海上实施起来更加困难，费用也更大，需要进行特殊设计。海上布放还要考虑到便于运行维护。

经济性

海洋油气以及其他海洋产业的经验表明，虽然在极端海洋环境中建造结构物在技术上是可行的，但成本高昂。对于技术上可行的海洋能技术而言，海试费用和海上运行风险仍然较大。

创新优先

对于大多数或者所有的海洋能技术，一些通用创新解决方案和技术可以解决装置在海洋环境中的运行技术挑战，并有助于降低成本从而使海洋能技术实现商业化。这些创新解决方案和技术包括以下方面：

- 成效比高的湿插拔接插件；
- 耐用的动力脐带缆；
- 耐用且经济实惠的水下密封件；
- 成效比高而耐用的锚系/底基；
- 防污和防腐性能高的材料/涂层；
- 低成本、专用的安装以及运维方法。

案例 A

资源分布图绘制

<table>
<tr>
<td>

2009 年，泛美开发银行（IDB）支持开展了对智利近海海洋能资源评估的初步研究，量化了智利丰富的海洋能资源开发潜力，确定了下一步重点调查的波浪能和潮流能开发利用区。

此次资源评估分为三个阶段：

- 与智利海洋能相关机构签订合同；
- 对海洋能资源和相关数据进行审查。例如，研究发现 Chacao 水道可作为潮流能和潮汐能开发利用重点区，其水头大，且流速达到 4 米/秒；
- 信息发布和开发建议。

此项研究为后续开发奠定了基础。2013 年 12 月，IDB 宣布支持在智利南部海域开展两个海洋能试验项目（一个潮流能，一个波浪能）。

</td>
<td>

国家：智利

技术：波浪能和潮流能

存在的障碍：技术以及资源

</td>
</tr>
</table>

相关经验

资源调查与评估是海洋能开发利用的第一步，可有效撬动海洋能技术开发。

案例 B

成立海洋能联盟	
近年来，东南亚地区先后成立了两个主要的海洋能联盟，都具有很强的大学背景：东南亚海洋能立联盟（SEAcORE）和印度尼西亚海洋能联盟（INOCEAN）。 SEAcORE 由新加坡南洋理工大学能源研究所（ERI@ N）牵头成立，旨在促进区域内合作。而 INOCEAN 更加重视印度尼西亚国内的海洋能能力建设。通过相关研讨会和非正式知识共享，这两个组织为利益相关者（学术界、行业和政府）之间就海洋能技术讨论提供重要的论坛平台 例如，2013 年 2 月举办首次研讨会以来，SEAcORE 创始成员国签署了一项协议，确定将通过海洋能研究合作、定期会议和组织活动等方式，努力推进该地区海洋能技术的发展。 从长期来看，随着当地海洋能技术市场的逐渐形成，对于这两个联盟来说，将更多地参与到商业化进程，如供应链发展等。这方面，较成熟的海洋能市场，像苏格兰可再生能源海洋工作组和加拿大海洋能联盟等组织可以提供更多借鉴。	国家：东南亚地区 技术：OTEC，盐差能，潮流能，波浪能 存在的障碍：技术
相关经验 政策制定者应该支持海洋能源联盟，支持其开展相关活动和研讨会。在海洋能技术市场的初级阶段，联盟可以提供一个讨论技术研发及挑战的平台。长期来看，这些联盟可以解决实际布放中存在的相关问题，如基础设施开发，甚至可代表行业参与政府活动。	

二、成本方面

（一）面临的挑战

一种海洋能技术概念已经验证，随之而来的第一个问题就是其成本以及风险如何。因为政府和企业都希望采用成本最低的、风险最低的海洋能技术，因此对于这些经济性问题的重要性不能忽视。尽管从长期来看，海洋能技术可以是能源供给的有效补充，但目前，确定一个海洋能项目，LCOE 是首先需要考虑的问题。

专栏：成本估计

目前海洋能技术均化发电成本不确定性很高，主要原因如下。

- 可参考的成本信息有限：到目前为止，实际布放的装置海试时间较短（通常 1 ~ 2 年或更短），意味着运行数据特别少。此外，世界上还没有海洋能装置阵列进入商业运行阶段，因此，在机组效益、规模经济以及运营和维护战略和成本方面难以获得实际数据。影响平均化能源成本的关键因素如装机容量和设计寿命等信息，目前也难以掌握。

- 海洋能项目成本与计划相比变化很大：对于某些技术，尤其是波浪能转换装置，设备设计还没有出现趋同性。一些设备开发商采用了高复杂性（成本高）和高发电量（收益高）策略，而其他开发商则寻求更简单、更便宜的选择，并采用较低发电量设计。

- 成本与实际布放位置的关联性大：海洋中的不同位置，其海洋能资源不一样，因而对 LCOE 产生较大影响。安装成本以及运营和维护成本也与实际布放位置高度相关，供应链的有效性和成本也是如此。特别是潮汐能项目，均化发电成本与项目的具体地点关联性很大。

技术类型	可参考的成本信息有限	成本变化较大	与布放位置相关度
波浪能技术	主要的不确定性	主要的不确定性	主要的不确定性
潮流能技术	主要的不确定性	次要的不确定性	主要的不确定性
洋流能技术	主要的不确定性	次要的不确定性	次要的不确定性
潮汐能技术	次要的不确定性	基本无不确定性	主要的不确定性
温差能技术	主要的不确定性	基本无不确定性	次要的不确定性
盐差能技术	主要的不确定性	次要的不确定性	次要的不确定性

主要的不确定性　次要的不确定性　基本无不确定性

- 海洋能技术的均化成本目前还远高于其他技术：目前海洋能技术的均化发电成本还不是很确定（参见“专栏——成本估计”）。可参考的成本信息有限，不同装置的成本差距很大，例如功率系数和设计寿命等关键 LCOE 指标都还不明确。仅根据当前了解的数据判断，LCOE 还较高。根据欧洲海洋能战略倡议的估算，首个潮流能阵列发电成本中值在 0.320 ~ 0.347 1 欧元/千瓦时，首个波浪能阵列发电成本中值在 0.407 ~ 0.520 欧元/千瓦时。需要强调的是，这一数字仅代表中值，其数值范围变化非常大（由于资金成本 CAPEX 和运行成本 OPEX 差别都很大）。海洋能技术较高的 LCOE 值意味着若没有公共部门的支持，海洋能目前还无法市场化竞争。

- 成本的长期下降路径难以预测：按照类似的陆上风电行业的发展路径，随着规模、经验、学习、创新的增加，成本会大幅下降。波浪能和潮流能的成本有望在本世纪 20 年代中后期下降到与海上风电相当的水平。需要强调的是，成本降低很大程度上要依赖海试布放和投资的增加。但是，海试布放具有很大的不确定性，因此，成本下降路径的评估就显得较难。决策层通常情况下难以为缺乏长期发展路径的技术提供资金。

- 技术风险仍很高：海洋能技术仍处于前商业化的现状导致了技术仍存在不确定性，既提高了成本风险，也提高了现金流风险。例如，如果海上安装时被延误，就会导致发电量不如预期。当企业（原始设备制造商）进入时，并不愿意提供所有的资金支出，以求将风险降至最低。

（二）政策建议

海洋能技术为应对经济竞争性挑战，需要采用“市场拉动”和“市场推动”两种方法。一旦技术概念得到证明，设备开发商面临的一个关键问题，就是这种技术在成本和风险上如何正视和面对市场中的其他可再生能源技术？可以说最重要的障碍就是相对于其他能源技术发电来说，海洋能技术发电的成本较高。因此，我们鼓励决策层做好以下方面工作。

- 提供资金支持：为处于示范阶段以及首批小型阵列式应用的技

术提供资金，这一阶段的技术研发商不能保证其技术能够发出足够多的电量以覆盖其成本，除了税收支持外，还可以采用财政补贴的形式。例如，除了企业投入外，首批小型阵列（5～10 兆瓦）一般需要 1 000 万～2 000 万美元财政补贴。此外，还可以考虑为装置性能和天气等进行投保等。

- 较高的上网电价：鉴于大多数海洋能技术相对于其他发电技术而言并不成熟，可考虑给予海洋能每兆瓦时发电额外补贴。即使该技术并未商业化应用，给予其更高的上网电价有助于市场上形成稳定的长期预期，会吸引更多的原始设备制造商。而且这一较高的电价实施周期越长越好，会激励更多的企业投资建设首批阵列化潮流能发电场。参见案例 C。决策层可以考虑给予不同海洋能技术以不同的上网电价（FiT），正如苏格兰海洋能商业化基金以及加拿大新斯科舍省 FiT 计划那样。很多海洋能国家（日本的做法值得借鉴）已给予海上风能上网电价支持，可以参考海上风电行业该政策的实施经验。

- 找准市场定位：一项创新技术走向商业化之路的通常方式是精准定位该技术的“早期用户”。正如海洋能目前在常用领域还无法与其他可再生能源竞争，但是在某些细分市场应用中可以起到主要作用，包括边远海岛的生产、军事、旅游等目前主要依赖柴油发电的领域。

- 综合支持：尽管海洋能在电价上还无法与其他技术竞争，但海洋能应用会带来其他收益。目前，苏格兰、法国、美国和加拿大等国均已认识到海洋能产业对当地就业和其他需求的促进作用。

- 制定路线图，明确成本和风险下降路径：制定海洋能发展路线图，有助于明确成本下降的具体步骤和路径。但就目前情况来看，很多国家出台的海洋能发展路线图偏于乐观。海上风电业的经验表明，即使初期研发时间比预期的长，长期来看也可以取得成功。在制定路线图时，需要明确指出采取的行动和取得的里程碑式成果等，这方面可借鉴苏格兰可再生能源联盟发布的苏格兰波浪能和潮流能年度进展报告。

案例 C

对不同海洋能技术给予差异化财政支持

英国的财政扶持机制对波浪能和潮流能技术提供同等支持，要求它们竞争申请资金。例如，英国海洋能阵列示范计划（MEAD，2 000 万英镑）和苏格兰海洋能商业化基金（MRCF，1 800 万英镑），欧盟 NER300 基金也是如此。但是，目前先进的潮流能装置的 LCOE 约为每兆瓦时 300 英镑，而波浪能 LCOE 约为每兆瓦时 400 英镑。这一成本差异使得潮流能项目在资金资助竞争中具有优势，过去 1 年里资助给英国项目的大部分资金落到了潮流能项目上。但是，2013 年 5 月，苏格兰能源、企业和旅游部部长弗格斯·尤文（Fergus Ewing）发布了一个重要声明，苏格兰已明确认识到需要对波浪能和潮流能源制定独立的支持政策，为了专门针对波浪能项目需求，将重新设计规划海洋能商业化基金（MRCF）。 英国能源部长格雷戈·巴克（Greg Barker）也认为："如果这样做是明智的，我们会接受，当然，波浪能和潮流能领域要区分对待。"	国家：英国 技术：波浪能，潮流能 存在的障碍：经济性

相关经验

不同的海洋能技术有不同的成本基础和不同的成熟度。决策层在寻求技术进步时，在政策扶持上应该区分对待，针对不同技术的不同需求，调整财政支持力度。但是在项目许可和电网等问题上可以同等对待。

案例 D

找准市场定位

很多波浪能研发商逐渐摸索出波浪能装置的市场定位，既可作为波浪能装置在未来实现规模化利用的一个跳板，其本身也可以作为长期应用市场。

- 军事：美国 OPT 公司在美国海军已在美国海军海上探测自动浮标（LEAP）计划的支持下，在新泽西州海域布放 APB 350 型发电浮标；
- 海水淡化：2013 年 11 月，澳大利亚波浪能开发商卡耐基波浪能公司签署合约，为位于珀斯（Perth）的 Mak Water 公司提供波浪能海水淡化装置；
- 水产养殖：俄罗斯 Vert 实验室和苏格兰 AlbaTERN 公司正在开展波浪能装置在海水养殖利用中的相关研究；
- 海上风能综合利用：挪威波浪能装置研发商 Fred Olsen 已开展研究；
- 向偏远地区供电：美国 Resolute 海洋能公司正在开展向阿拉斯加提供波浪能供电研究。

在这些细分市场中，通常是柴油发电机，因此波浪能发电更具竞争力。此外，这些项目一般都较小，因而风险较低。

国家：美国、澳大利亚、英国

技术：波浪能

存在的障碍：经济性

相关经验

对海洋能技术而言，不是只有大型并网项目才是唯一可行的商业化途径。人们正在探索和研究水产养殖、海水淡化、海洋军事和远程电网应用等；替代边远岛柴油发电是一个充满希望的市场。

应该记住的是，光伏技术的首次广泛应用并非在建筑物屋顶或光伏发电场，而是在太空应用上。

三、环境和社会影响

（一）面临的挑战

海洋能技术会带来一些海洋环境影响和社会风险。在样机阶段，测试场通过集中测试可一定程度上降低环境影响和海试风险。一旦进入商业化布放阶段，必须考虑如何降低相关影响和风险，否则会妨碍海洋能开发利用。

环境和社会风险主要包括以下几方面。

- 海洋管理更为复杂且耗时：海洋能技术研发商首先要了解海试需要遵守哪些法律法规，特别是需要哪些准许程序。作为一个涉及海域使用和能源生产的新行业来说，主管部门可能会更为复杂。即使已制定有相关程序，可能也不是特别清楚该满足什么样的环境标准，或者说一些立法本身就存在一定的冲突。

- 更高的环境监测需求：NREL 在 2009 年相关文件中指出，海洋能技术面临的进一步挑战是，小比例样机的环境监测需求更高，需要在布放前和布放后采集更多的环境数据，美国和欧盟已认识到这一问题。这样做极具挑战性，因为缺乏运行经验就无法充分认知海洋能技术的环境影响问题。有时候，水电站、海上油气业等其他行业也会出现类似于样机海试这种“边干边学”的现象。海洋能技术可能会引起破坏栖息地、影响海洋生物、引起海洋噪声等环境风险，海洋能技术研发商很多时候不得不说明已经将这些影响降到最低甚至彻底解决，但必须指出的是，很多现有海洋产业的海洋环境影响更大，例如，海上运输造成的噪声影响远大于潮流能机组。当然，这些风险都具有很高的不确定性，只有当相关项目建成才能进行监测，并看出实际影响到底如何。

- 用海冲突：海域使用方式多种多样，包括捕鱼、船舶运输、旅游、军事、海洋监测等，都会造成用海冲突。

- 准许程序复杂：负责审批的部门有可能会缺乏专业的海洋知识和其他专业知识，无法客观地评估海洋能项目，可能会导致项目审批时间太长。

- 公众对海洋能技术反对的风险：至少在海洋能技术和市场领先的英国，公众似乎非常支持海洋能技术。根据英国能源及气候变化部（DECC）2014 年的公共舆情跟踪系统显示，77% 的英国公众支持波浪能和潮流能研发。

（二）政策建议

首先，解决环境风险需要搞清楚几个问题：规定是什么？归哪个部门管？有什么资料？影响有哪些？有什么益处？同时，尽早让公众参与和了解相关风险。

- 解决瓶颈问题：在海洋能技术开展海试申请的准许过程中，解决相关瓶颈问题。

- 获取基底数据：公共财政支持开展海洋环境调查与研究，获取基底数据，这样技术研发商就不必开展重复作业。在缺乏基底数据的海域，决策层应清楚，对于小比例样机，采用“调查、布放、监测”的方式更为有效，不要采取布放前进行密集监测的方式。

- 采取一站式审批策略：苏格兰和丹麦采取的一站式审批策略非常有助于海洋能项目开发，研发商申请流程大大简化，参见案例 E。

- 将海洋能开发纳入国家海洋空间规划：像德国、瑞典、荷兰等国都有海洋空间规划，可利用海洋空间规划解决竞争性用海的问题。

- 加强公众参与：加强早期宣传，例如宣传海洋能技术及其工作原理，打消公众顾虑。

案例 E

海上风电一站式许可	
丹麦一直重视发展海上风力发电，在波浪能发电技术上也比较活跃。丹麦很早就在海上风力发电领域推行“一站式”许可。 在丹麦，海洋能开发和海试由丹麦能源署（DEA）监管，一个部门负责许可、批复和发证等事项。DEA 是丹麦气候、能源与建设部的下设机构。 （土地使用权）特许经营权、发电及出口许可均由 DEA 签发，即所谓的“一站式”服务。作为项目许可流程的组成部分，DEA 在研发商、私人机构、利益相关者和政府机构之间进行必要的协商和沟通。这种“一站式”服务得到了海上风电开发商的一致赞赏。	国家：丹麦 技术：海上风电 存在的障碍：环境和社会问题
相关经验 决策层可以借鉴海上风力发电行业的经验，并应用到海洋能技术上。海洋能技术研发商强烈要求实施许可流程简化手续。	

四、基础设施方面

（一）面临的挑战

通过基础设施建设支持海洋能技术的发展，可以促进边远地区经济增长，形成当地产业链，新增就业等。目前，英国苏格兰地区的 EMEC 在这方面做得最好。

在样机研发阶段，海洋能测试中心可以为技术研发商提供所需的基础设施支持，例如，可为其提供海试场所以及当地产业供应链。但是，一旦技术研发商技术发展到一定程度，测试场无法为其提供更多支持时，研发商就将面临较大的基础设施方面的挑战。目前，随着首批小型潮流能发电场的建设，英国和加拿大已开始面临这一挑战。

- 并网成本高企：对某些市场而言，并网是海洋能技术商业化应用的瓶颈因素。当海洋能资源远离主要的电力需求中心时，并网成本非常高。这方面提的最多的就是苏格兰海洋能技术发展过程中所经历的并网挑战，在 Orkney 周边，波浪能和潮流能装置研发商一直担心新建电网会延迟其未来发电场计划的实施，据说在英国推崇的“就地消纳”原则也会使得远离电网的波浪能和潮流能发电场所发出电量的价格上网后成本太高，因此，英国政府通过实施差额合约制（CfD）给予苏格兰地区波浪能和潮流能发电更高的价格以补偿其增加的成本。然而，在葡萄牙、澳大利亚、荷兰、美国、挪威等国，海洋能资源离电网较近，不存在并网难题，反而是其发展海洋能的一个优势。例如，在美国，陆地风能主要是在居民较少的地区，存在并网难的问题，而沿海地区非常适合发展海洋能。

- 海洋能技术供应链尚不完善：考虑到大多数海洋能技术仍不成熟，其供应链必然不完善，很多地方缺少可用的港口和合适的船舶，开展海试非常不方便。尽管在英国 EMEC 周边也形成一定的产业集群，但是这些提供样机制造、组装、安装等服务供应商尚不具备提供全比例装置的相关服务。需要有新的企业参与进来，以促进海洋能技术产业化进程。在这样的背景下，众多原始设备制造商进入潮流能产业非常有益，也非常受欢迎，如西门子在 Bristol 投资建设了一个测试及组装工厂。

（二）政策建议

尽早解决并网和供应链等相关问题，可增强相关投资人的信心，有助于加速海洋能产业的发展。

- 制定电网规划时，充分考虑海洋能技术的需求：即使无法改变“就地消纳”等不利原则，决策层也应考虑给予海洋能并网成本补偿，以促进该行业的发展。此外，是否/何时提高电网能力等相关规划应更加明确，这对研发商也非常重要。

- 给予更高的电价：给予更高的电价，并提前告知，让企业知晓海洋能市场是一个长期的市场，可增强潜在供应商的信心，吸引企业投资。

• 鼓励参与海洋能产业链：在国家/地方经济发展规划中体现出海洋能产业的发展前景，吸引企业进入海洋能产业链。参见案例F。

案例F

促进供应链发展

加拿大是全球领先的潮流能市场之一，一直致力于促进海洋能供应链发展，从而服务于新兴的潮流能产业。供应链发展一直被视为一个战略机遇，加拿大努力寻求在未来国际市场中的先发地位。

加拿大（新斯科舍省）已经采取一些措施，以促进供应链的发展。

• 设置清晰的愿景：在加拿大海洋能技术路线图（2011）中明确提出了潮流能发展愿景，设置了明确的布放目标，帮助供应链相关产业了解潮流能的市场规模和增长率：2016年达到75兆瓦，2020年达到250兆瓦，2030年达到2 000兆瓦。

• 提供长期市场的经济信号：潮流能发展愿景得到了财政支持，政府已经宣布对潮流能发电计划给予上网电价支持。

• 促进更加广泛的参与：2013年初，新斯科舍省能源部启动了一项广泛参与的计划，确定潮流能商业化发展面临的挑战和机遇，发展有竞争力的潮流能供应链。

国家：加拿大（新斯科舍省）

技术：潮流能

存在的障碍：基础设施（供应链）

相关经验

成功的供应链发展需要一个清晰的愿景，确定和解决面临的障碍。

五、发展模式

海洋能技术在技术特点和商业成熟度上具有多样性，决策层需要对技术差异具有敏感性。决策层首先要摸清其海洋能资源状况，明确其要发展的海洋能技术，再相应地调整其海洋能发展战略。不同国家适用的发展模式不同，不能采用“放之四海而皆准”的笼统性建议，下面按国家和技术层面分别制定不同的发展模式。

（一）不同国家的发展模式

确定不同国家发展模式的相关指标有多个，其中两个主要指标如下。

- 经济发展：按照经济发展水平分类与海洋能发展相关性较大，因为这种分类方式反映了国家总体电力需求增长率、现有电网基础设施以及可在海洋能技术领域投入资源的可用性。
- 海上风电经验：拥有海上风电经验的国家意味着已经拥有相应的许可制度体系、金融支持机制和供应链，这些可以复制到海洋能领域。通常这些国家与缺乏海上风电经验的国家相比，已经赢在了海洋能技术发展的起跑线上。

附表4和附表5给出了几个国家的具体情况以及相关建议。

附表4　具有海上风电经验的国家

		海上风电经验	
		无/处于初级阶段	拥有丰富经验
经济发展	不发达经济体	菲律宾，太平洋岛国	越南有一些潮间带海上风电经验。
	新兴市场	南非，印度，智利	中国
	发达经济体	西班牙，意大利，加拿大	英国，德国，法国，丹麦

附表 5　处于不同经济发展阶段国家的政策建议

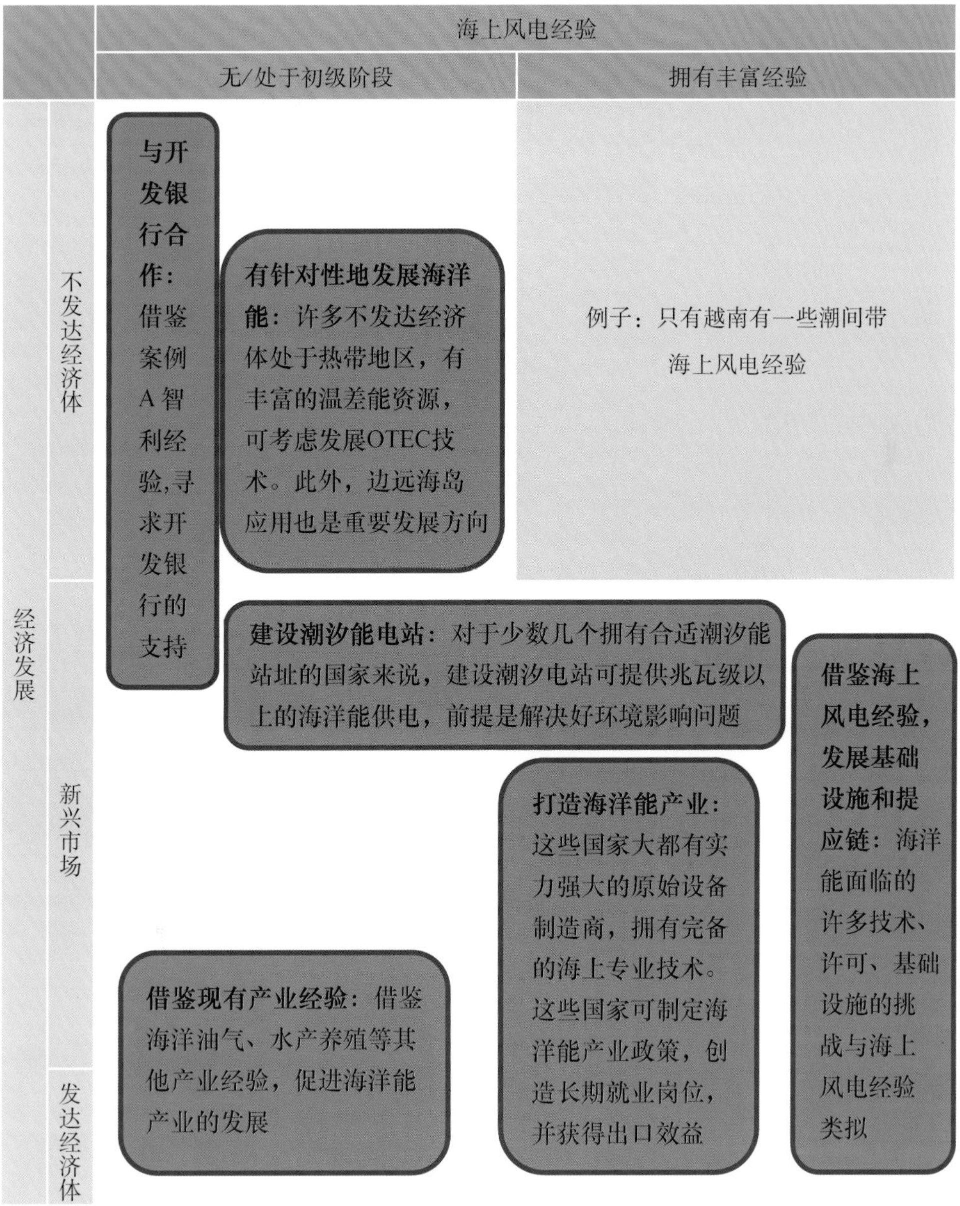

经济发展		海上风电经验：无/处于初级阶段	海上风电经验：拥有丰富经验
	不发达经济体	**与开发银行合作：** 借鉴案例A智利经验，寻求开发银行的支持 **有针对性地发展海洋能：** 许多不发达经济体处于热带地区，有丰富的温差能资源，可考虑发展OTEC技术。此外，边远海岛应用也是重要发展方向	例子：只有越南有一些潮间带海上风电经验
	新兴市场	**建设潮汐能电站：** 对于少数几个拥有合适潮汐能站址的国家来说，建设潮汐电站可提供兆瓦级以上的海洋能供电，前提是解决好环境影响问题 **打造海洋能产业：** 这些国家大都有实力强大的原始设备制造商，拥有完备的海上专业技术。这些国家可制定海洋能产业政策，创造长期就业岗位，并获得出口效益	**借鉴海上风电经验，发展基础设施和提应链：** 海洋能面临的许多技术、许可、基础设施的挑战与海上风电经验类拟
	发达经济体	**借鉴现有产业经验：** 借鉴海洋油气、水产养殖等其他产业经验，促进海洋能产业的发展	

（二）不同技术的发展模式

决策层应针对不同种类的海洋能技术，制定相应的政策。

- 对于波浪能——解决技术、基础设施和经济层面的问题：2013年，有部分研发商退出了波浪能技术研发领域，很大程度上延缓了波浪能技术开发步伐。决策层应该优先在技术研发和必要的基础设施上进行投资，其次是解决技术经济层面的问题。

- 对于潮流能——解决技术和经济层面的问题：通过提高上网电价来解决经济层面的问题，从而激发原始设备制造商的热情。同时，继续下一代技术的研发工作，加快降低成本。随着技术的商业化应用，需要关注环境、社会和基础设施问题，可参考海上风电行业的相关经验。

- 对于洋流能、盐差能和温差能——解决技术问题：鉴于这些技术尚处于初期阶段，应优先考虑支持技术研发。鼓励产业界和学术界开展联合研发，有助于加快成果转化。

- 对于潮汐能——优先解决环境和经济层面的问题：潮汐能技术在项目规模和技术成熟度上远超本报告所讨论的其他海洋能技术，但必须考虑环境影响的问题，所以决策层在潮汐能项目审批前应充分了解并降低相关风险。近年来，英国已开展了一系列研究，评估在塞汶河口建设潮汐电站的可行性，评估委员会对 Hafren 电力公司提交的潮汐电站计划（堤坝长 18 千米）进行了评估，认为其存在下列问题：

➢ 需要开展大量的研究、数据和建模，以深入了解环境问题；

➢ 缺乏明确的均化发电成本说明；

➢ 需要提供更加透明的信息。

建议关注潮汐能的决策层认真考虑上述问题。

第五节　结论和建议

（一）潜力巨大

海洋能资源蕴藏量巨大——其理论开发量远远超过全球电力需求量。海洋能开发利用技术种类很多，包括波浪能发电装置、潮流能发电机组、洋流能发电装置、潮汐能技术、温差能发电装置以及盐差能技术等。

海洋能技术可提供二氧化碳零排放的清洁电力，而且可保持能源独立性。海洋能技术有助于实现能源供给的多样化。支持者还指出，新兴海洋能产业可创造出众多的“绿色就业”岗位。此外，随着沿海国家陆地可再生资源适合开发场址的日渐稀少，海洋能技术将大大拓展其发展空间。

（二）技术现状

目前已经有原始设备制造商进入海洋能技术开发利用领域，海洋能技术的商业化应用指日可待。然而，技术发展速度比预期的慢，主要是由于技术开发过程面临各种挑战，而且先期进入的装置研发商也过于乐观了。不可否认，2008 年开始的全球金融危机对其也有一定影响，很大程度上降低了投资者的风险嗜好，在一些国家，本来就“摇摆不定”的决策层随之减少了对可再生能源投入的承诺。

对于较成熟的海洋能技术（波浪能和潮流能），很多国家表现出浓厚兴趣。对较为活跃的海洋能技术研发商进行的分析表明，每种海洋能技术都有处于明显领先位置的国家。需要指出的是，英国在波浪能和潮流能技术上都处于领先位置。分析表明，大部分潮流能技术研发商采用坐底式水平轴机组设计方式，而大多数波浪能技术研发商采用漂浮式点吸收式系统设计方式。但目前还没有哪种技术能够证明其有能力进行商业化应用，那些采用目前较少应用的设计方式的技术开发商最终也可能被证明会较大程度地降低其装置的均化成本（LCOE）。对于尚处于起步阶段的海洋能产业来说，应该坚持更多的学习、创新和技术沿革。

（三）给决策层的建议

为开发利用丰富的海洋能资源，需要解决技术上、经济成本、社会环境和基础设施等很多方面的问题。要针对每种海洋能技术制定有针对性的政策措施。对于仍然面临可靠性、生存性和易安装性等挑战的海洋能技术来说，决策层应将措施重点放在促进技术发展方面，比如通过资金支持计划开展海洋能技术建模、开发和海试。对于波浪能发电装置、洋流能发电装置、温差能和盐差能技术，这些都应该是关注的重点。

随着技术的成熟，海洋能装置从样机向阵列式或者商业化应用的发展，其他方面的问题将随之而来。例如，当潮流能技术发展到小型阵列式机组时，主要问题将由技术上转至成本经济性上，对海洋能发电量给予溢价对于支持海洋能市场的形成和发展将尤为重要。海洋能技术商业化应用后，将面临更多的社会环境、并网和供应链等方面的问题，需要公共部门的通力合作予以克服。对于成熟的潮汐能技术，主要问题是解决生态环境影响问题。

（四）IRENA 支持海洋能的举措

IRENA 共支持六个专题领域的工作，包括全球能源转型规划、推广可再生能源、促进可再生能源投资和增长、可再生能源促进可持续发展、海岛——可再生能源利用的灯塔、区域行动计划。这六大领域基本都支持海洋能发展。

- 海岛——可再生能源利用的灯塔：2012 年 9 月 6—7 日，48 国部长聚集马耳他发布了“加速海岛可再生能源利用”的马耳他公报，呼吁 IRENA 建立全球海岛可再生能源网（GREIN），以传播知识、共享经验、促进清洁可再生能源的海岛应用。海洋能技术可为 GREIN 提供在海水淡化、旅游等方面的相关经验。
- 全球能源转型规划：2014 年 6 月 4—6 日，在联合国总部召开的“人人享有可持续能源”（SE4ALL）论坛，IRENA 作为发起人之一，启动了 REmap 2030（www. irena. org/remap）。这一全球路线图设置了到 2030 年全球可再生能源占比翻番的目标，IRENA 可以和 OES 合作，制定海洋能在 REmap 2030 中的目标。
- 推广可再生能源：IRENA 可以利用其全球资源评估图集，政策及案例数据库，投资计划等优势，与其他国际组织推进海洋能技术成本、实践案例、资源潜力及分布等方面合作。
- 促进可再生能源投资和增长：该主题主要关注可再生能源政策评估、能源价格分析、质量保证与标准化、创新及合作研究、研发与示范等内容。2009 年，阿联酋通过阿布扎比发展基金（ADFD）承诺给予 IRENA 成员国中的发展中国家总额 3. 5 亿美元的、共 7 轮可再生能源项目支持。该计划对海洋能技术在边远海岛海水淡化和发电等方面也会给予支持。